Ⓢ新潮新書

佐野雅昭
SANO Masaaki

日本人が知らない
漁業の大問題

612

新潮社

日本人が知らない漁業の大問題——目次

マグロやウナギが食べられないと困るのか——序に代えて　9

1　漁業は誰のためのものか　22
市民と漁業者が対立しはじめている
都市と漁村の距離感は遠くなるばかり
流通システムのブラックボックス化が招く対立
漁業は日本固有のストロングポイント
漁業権の理念が薄らいでいる

2　「海外に活路を」は正論か　40
歴史的に日本漁業には国際競争力がある
輸入サケ・マスに押されてアキサケ輸出が拡大
ノルウェーサバ高騰の余波
「儲かるから輸出に回す」は危険な考え方

企業を後押しする「髙木委員会」の論理
ノルウェーと日本の事情は違いすぎる

3 漁協は抵抗勢力なのか 65
日本の漁業における漁協の役割とは
世界が注目する漁協のシステム
「海洋行政」をめぐる大きな揺さぶり

4 養殖は救世主たりうるか 72
魚類養殖に過剰な期待が高まっている
養殖経営が陥らざるを得ない価格ジレンマ
養殖への企業参入は市場をかく乱してしまう
ノルウェーサーモンの模倣ができない理由
日本の養殖業はどう改革するべきか

5　複雑すぎる流通には理由がある　95
工業化社会と生鮮水産物の矛盾
卸売市場システムは「近代の傑作」
中抜き流通で得をするのは小売だけ
生鮮水産物流通のモラルと流儀
日本の魚はなぜこれほど安全なのか
鮮度感の重要性と専門的な流通経路
6　サーモンばかり食べるな　112
回転寿司でもサーモン一人勝ち
サーモンの消費拡大が意味するもの
日本の水産物の商品特性と多彩な食文化
7　ブランド化という幻想　122
水産物は「ブランド化」には馴染まない

定義に逆行する利己的ブランド戦略
地域特産品とブランドを同一視する間違い
養殖業でも「ブランド化」の効果はない

8 あまりに愚かな「ファストフィッシュ」 135

魚食文化に逆行するファストフィッシュ
長い目で見れば「魚の国のしあわせ」に
本質を見失った水産基本計画
時短と簡便化が余計に魚を遠ざける
つまらなくなった大手スーパーの鮮魚売り場
食品スーパーが伸びている理由
卸売市場がスーパーの「問屋」になる日

9 認証制度の罠 162

ラベルや認証による差別化に意味はあるのか

背後にグローバルビジネスの影
トレーサビリティは早くも形骸化している

10 食育に未来はあるのか 170
二〇代は六〇代以上の四分の一しか食べない
間違いだらけの食育基本法
給食でハズレメニューになる理由

雑魚にこそ可能性はある——あとがきに代えて 184

マグロやウナギが食べられないと困るのか――序に代えて

大西洋クロマグロは日本の食文化か

二〇一〇年、ワシントン条約締約国会議で、大西洋クロマグロの禁輸が提案されました。激減する大西洋クロマグロの保護を考える国やNGOが、商業的な国際取引を禁止してしまおうとしたのです。

結果的に提案は理性を欠くとして大差で否決されましたが、メディアは「マグロが食べられなくなる」「日本の食文化を守れ」と大騒ぎしました。こうしたニュースでは、街頭インタビューで、決まって次のような声が紹介されます。

「トロが食べられないと困りますよね」

「やっぱりさびしいですよ。寿司が大好物なんで」

しかし、冷静に考えてみていただきたいのです。大西洋クロマグロが輸入されなくなって困る日本人は一体どのくらいいるのでしょう。天然の大西洋クロマグロはマグロの

図1　カツオ・マグロ類の魚種別供給量推計（万トン）

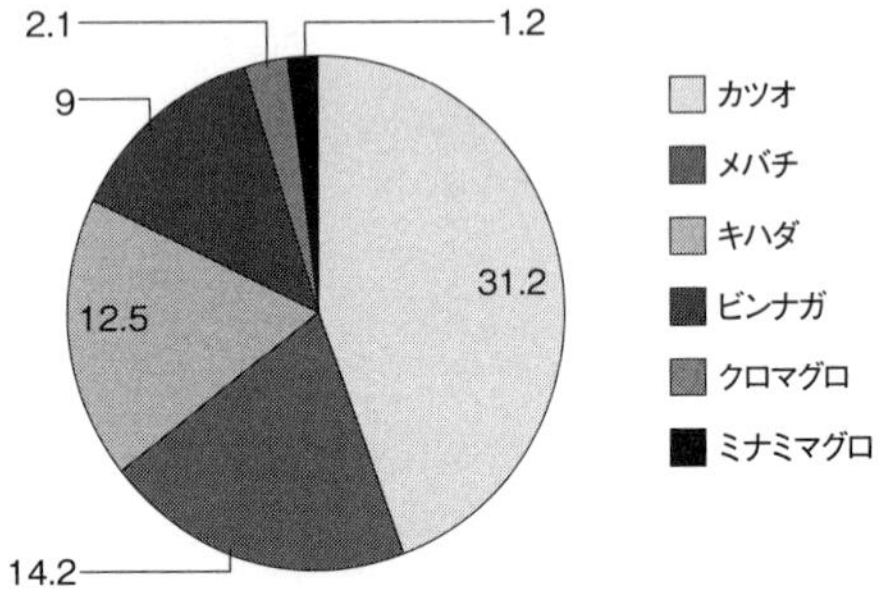

資料：農林水産省「平成24年漁業・養殖業生産統計」、および財務省「貿易統計」に基づいて推計

中でも最高級品で、食べられるのはほんの一握りのお金持ちだけです。

図1は二〇一二年度に日本国内に供給されたカツオ・マグロ類の種類別内訳です。これを見ると、クロマグロは70・2万トンのうち2・1万トンで全体の約3％。大西洋クロマグロはクロマグロのうち約40％を占めているので全体の約1・2％。こうした贅沢品が禁輸になったところで、一般消費者の日常生活に何ら影響はありません。一喜一憂するほどの問題ではないのです。

そもそも大西洋から輸入したクロマグロは「日本の食文化」を代表するような魚ではありません。

極端に高いトロなどがもてはやされるようになったのは、バブル期以降ではないでしょうか。昨今では、回転寿司のおかげで小学生ですら「中トロが好

図2　シラスウナギの採捕量推移（内水面及び海面合計）

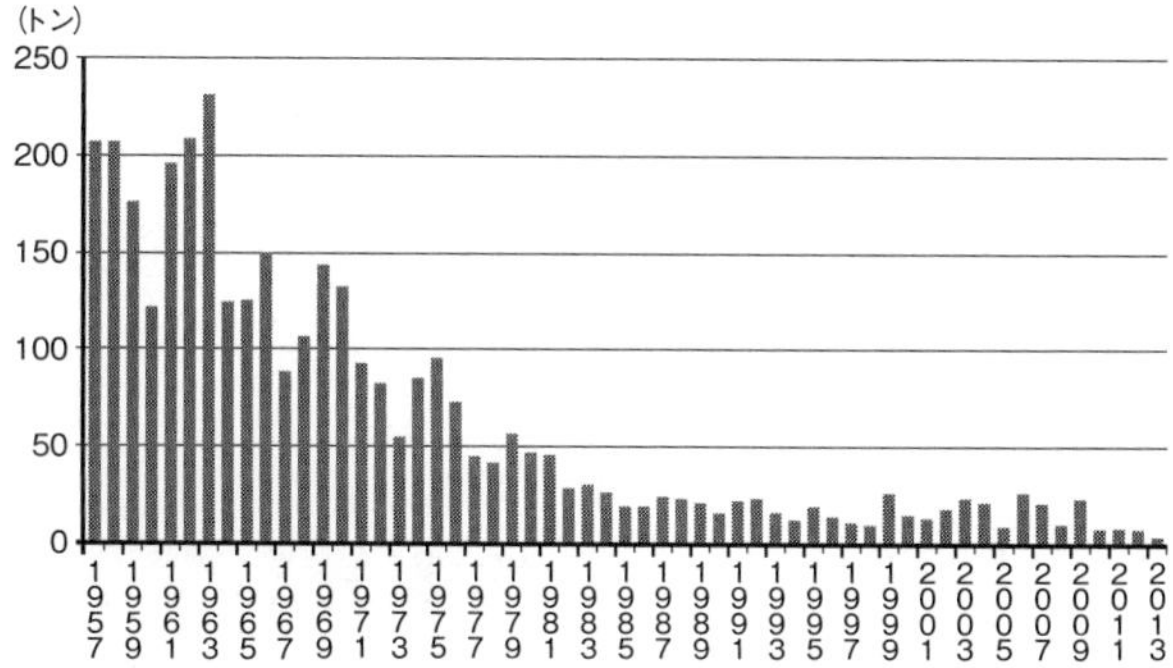

資料：農林水産省HP「ウナギに関する情報」より作成

物」などと言いますが、読者の中でどれだけの人が、子供の頃に、トロなんてものを食べたことがあったでしょうか。

世界中のウナギ資源を略奪していいのか

クロマグロと同様によくメディアで取り上げられるのが、ウナギです。

二〇一三年はシラスウナギ（養殖に用いられるウナギの稚魚）の前代未聞の不漁（**図2**）と価格高騰、ウナギ料理屋の相次ぐ廃業がマスコミを賑わせました。マグロの時と同じく、「ウナギが食べられなくなる！」「日本の食文化を守れ」と大騒ぎになったのです。しかし、よく考えたらウナギもまた、もともと贅沢品の一種です。値上がりしても多くの人の食生活にさほど影響はないはずです。

しかも、この問題については打つ手は限られているのが明白です。幾つかの県では、川での下りウナギ（秋に海へ下り産卵場に向かう親ウナギ）の捕獲を禁止する規則が慌てて制定されました。天然ウナギを乱獲してきた漁業がようやく規制される、という報道もありましたが、これは大きな誤解です。

農林水産省の「漁業・養殖業生産統計」によれば、二〇一三年度の天然ウナギ漁獲量は約134トン。小さめに見積もって一尾当たり250グラムとして、漁業で漁獲された天然ウナギの尾数は全部で約53万6000尾。最も獲れた一九六一年には約3387トンが漁獲されていたので、約1354万8000尾という計算になります。

一方、養殖用の稚魚であるシラスウナギの採捕量の統計によると、一尾当たり0・2グラムとして、二〇一三年度で約5トン＝2500万尾、過去最も獲れた一九六三年では約232トン＝10億尾を超えていたはずです。漁業で漁獲されてきたウナギと養殖用のシラスウナギの尾数は二桁も違います。どちらが資源量に影響が大きいかは一目瞭然でしょう。

ウナギを対象とした河川漁業は今ではほとんど見られなくなりました。遊漁はさらに少ない。とうに寂れた河川漁業や遊漁を規制することで、ウナギの資源保護に手を打ったような気分になるのは間違いです。シラスウナギの採捕を適切に管理しないかぎり、ウナギ養殖の持続的な発展はありえません。

さらに重要なのは、河川環境の改善です。河原のない、コンクリートで固めた排水路のような川が増えました。ダムが乱立し、魚道の整備も不十分です。こうなると、上流と下流、川と海を、産卵や成長のために行き来する魚や水産生物はことごとく閉め出される。ウナギも生息範囲をどんどん狭《せば》めています。減るのは当然なのです。

ウナギは岩の間にできた隙間や穴の中に住み、夜になるとエビやサワガニなどの甲殻類やアユなどの小魚を食べます。しかし河川開発が生息地を狭め、餌となる生物を排除してきた。見た目に分かりやすい規制より、ウナギが生育できる豊かな河川環境を取り戻すことこそ、行政がまずやらなくてはならない課題です。

さて、シラスウナギの激減を補うべく、すでに大量の輸入元である台湾や香港に加えて、フィリピンやインドネシアなど、東南アジア諸国からも輸入が始まりました。しかし、東南アジアでも日本と同様にウナギの資源はとても脆いのです。さらに東南アジアの経済環境では、高く売れるシラスウナギは乱獲の対象になりやすく、容易に資源の枯渇を招きやすい。そこまでして、ウナギを食べなければならないのか。「食べられなくなる」と騒ぐ前に、そもそもの前提を考える時期ではないでしょうか。

もともとウナギは自然の川の賜物で、希少な天然資源でした。美味しかったので、値段も高かったのは当然です。しかし高価格に惹かれて、日本で養殖が開始されました。結果、相当安くはなりましたが、国産養殖ウナギが今でも高い価格でとどまっているのは、シラスウナギの仕入れに制約があり、希少性が失われていないからです。

そこに台湾、次いで中国産の養殖ニホンウナギが参入してきました。低コストで養殖・加工が可能になり、安い加工品が日本市場に大量に入ってきた。その価格なら、スーパーや回転寿司、牛丼チェーンなどでも販売できます。私たち消費者は喜んで、安くなった輸入ウナギを大量に消費してきたわけです。

しかし、やがてニホンウナギのシラスが、台湾や中国でも採捕できなくなります。そこで今度はフランスなどから安価なヨーロッパウナギのシラスを輸入しました。ヨーロッパウナギも枯渇した近年は、北米のアメリカウナギを輸入していますが、これまた資源的にはすでに危機的な状態となってしまった。たどりついたのが東南アジアというわけです。

日本人が安いウナギを大量に要求するために、こんな資源略奪型のウナギ養殖が拡大してしまったとも言えるでしょう。私たちは、自国のウナギ資源と河川環境を壊した後に、他国のウナギ資源を次々に枯渇させ、今また東南アジアのウナギに触手を伸ばしています。シラスウナギの輸入と引き替えに、資源乱獲を輸出している格好です。

確かにウナギは日本の食文化だと思いますが、だからといって、種を絶滅させる権利はありません。ウナギは高くて美味しいもの、という原点に戻り、希少な国産シラスウナギをきちんと管理しながら、本来の価値を大切にしたビジネスを堅実に行うしかないと思います。

食文化を守るために、養殖業者は規制を遵守する。私たち消費者は、厳しい状況で踏ん張っている業者を応援するために、少しぐらい高くても国産ウナギを選んで食べる。行政は、早急に河川環境の回復に努める。未来にウナギという食文化を遺すには、そうやってみんなが少しずつ努力するしかないのです。

メディアは問題の本質を報じない

マグロにせよ、ウナギにせよ、安価に食べられればそれにこしたことはありません。

図3　沿岸漁家の漁労所得推移

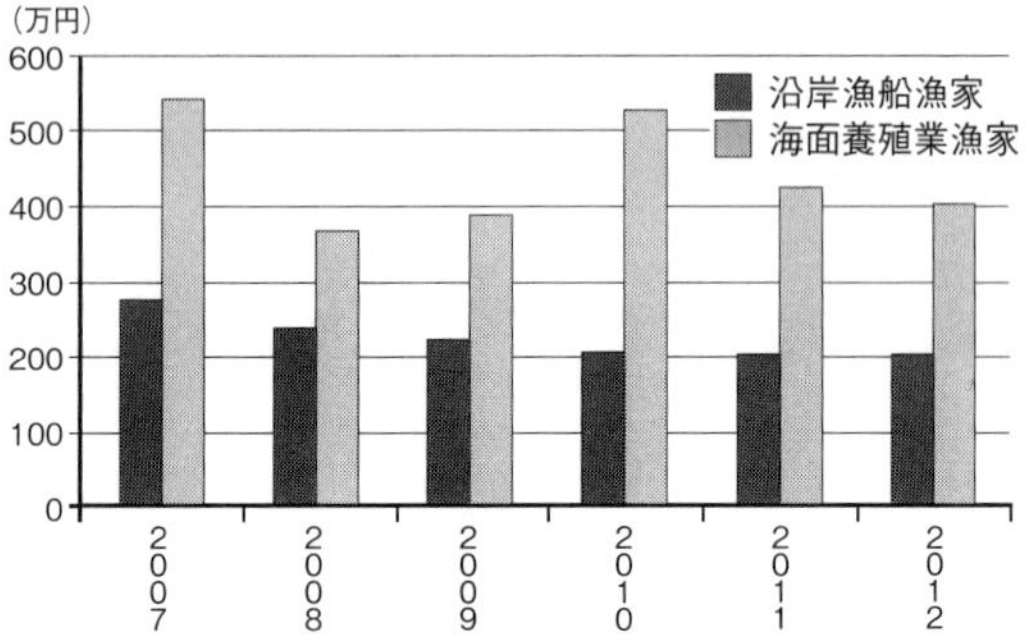

資料：水産庁「平成25年度　水産白書」より作成

好物だという人たちが、「なくなったら困る」と声を上げることも理解はできます。

しかし、繰り返しますが、そもそもどちらも一種の「贅沢品」です。私たちが日常的に食べるものではありません。

こんなバブル時代の贅肉みたいな食材に頼らなくても、日本の沿岸には多様な水産物がいくらでも存在しているし、アジやサバでも鮮度さえよければこの上なく美味しいものです。しかもはるかに安く、大量に供給できる。金持ちでなくても楽しめるこうした近海の鮮魚こそ、日本にとって真に重要な存在なのです。

問題は、現在、これら「基本」とも言うべき魚たちが、そしてそれを私たちに届けてくれる漁業者や流通業者が、それぞれに危機を迎えているという点

図4　日本の漁業における全就業者数の推移

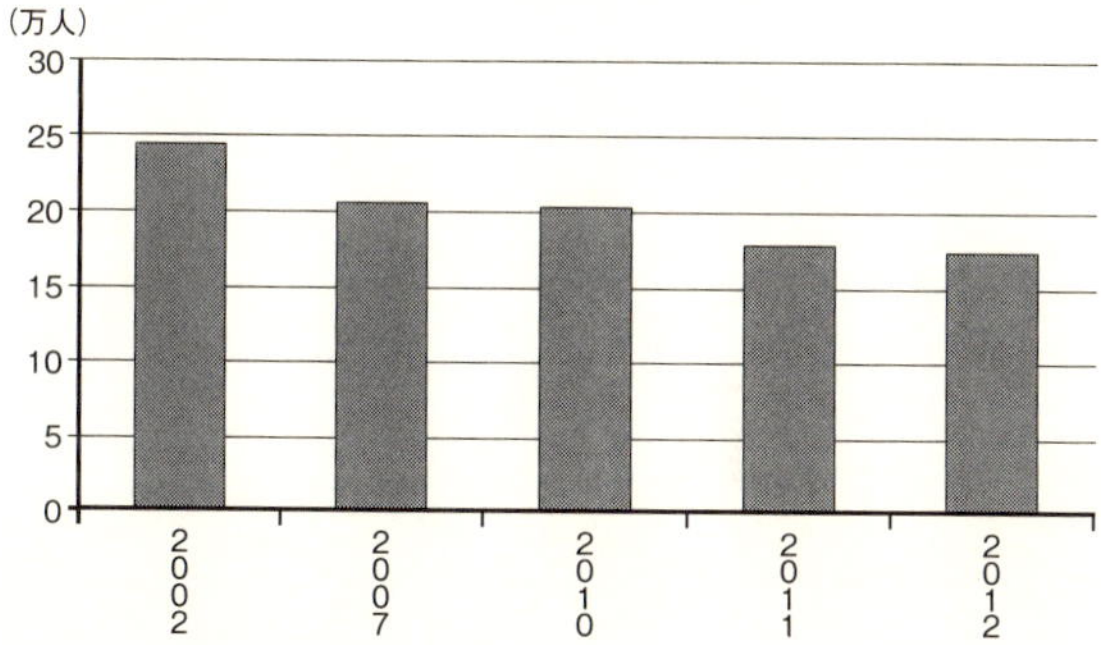

資料：水産庁「平成25年度　水産白書」より作成

です。マスコミは本来、この問題をもっと正視すべきです。マグロやウナギばかりで騒ぐのは、一見、食料問題に向き合っているようで、実は問題の本質から目をそらすことに一役買っているのではないかという気すらします。

二〇一三年度の「水産白書」によれば、二〇〇七年に約274万円だった沿岸漁船漁家の漁労所得は、二〇一二年には約204万円まで低下しました（**図3**）。高齢者も含めた平均値なので四〇代～五〇代の働き盛りの漁業者の所得はもっと高いでしょうが、それにしても低い数字で、生活保護の受給家庭を下回るレベルです。しかも、さらなる低下傾向も見られます。海面養殖業漁家の漁労所得も平均して400万円程度であり、思うほど高くはありません。

水産庁は、副業や年金などの漁業外所得も合わせれば、500万円程度にはなるのではないか、と推測しています。しかし漁業だけでは食べていけず、兼業せざるを得ない状況では、若者が水産業に飛び込み、家庭を持とうとしないのは当たり前です。

後継者不足は深刻で、二〇〇二年に約24万人だった全漁業就業者数は、一〇年後の二〇一二年には約17万人まで減少しています（図4）。この時点での六〇歳以上が占める割合は五割を超えています。

近年少し持ち直しているものの、漁業への新規就業者数は全国すべて合わせても年間2000人に達しません。これでは将来、「日本から漁業が消滅する」ことも覚悟しなくてはなりません。滅多にニュースになりませんが、マグロやウナギよりもずっと重大で切実な問題なのです。

大西洋クロマグロの輸入が無事だとしても、日本から漁業者がいなくなってサバやアジ、サンマなどが食べられなくなるとしたら、日常生活でははるかに大きな問題です。未来の日本人の食生活が根底から壊れ、残るのは冷凍輸入魚ばかりの食卓でしょう。まさしく「魚食文化の崩壊」です。

日本の漁業が危機的な状況に陥った原因は複合的です。低い生産性や資源管理の失敗だけではなく、消費者の魚離れ、過剰な低価格要求、輸入魚中心の簡便化食品志向なども大きな影響を与えていることはまちがいありません。私たちの普段の食生活が伝統的な魚食を破壊し、漁業生産を脅《おびや》かしています。

日本の漁業をきちんと維持していけば、輸入に頼らなくても、この先もずっと美味《うま》い新鮮な魚が食べられるのです。これまでの食生活をみんなが少しずつ見直し、反省しなくてはならない時期です。マグロはまだ大丈夫、ウナギは危ない、などと何か投機でもやっているような感覚で騒いでいる場合ではありません。

半永久的資源としての魚

私たちにとって漁業は大切な食料生産産業です。日本人は昔から魚を主たるたんぱく質として利用してきましたし、今もそれは変わりません。

魚は自然の産物ですから、上手く管理すれば、半永久的に利用できる食料資源です。しかし、自然環境と上手く調和しないとそれもかないません。開発による環境破壊や乱獲など、人間活動のダメージを受けやすい産業でもあるのです。

自然の摂理と経済活動がぶつかりあう、漁業という常に不確実性をともなう営為を、現代社会の中でビジネスにすることには様々な歪みがつきまといます。

漁業はおおむね都市生活からは遠く離れたところで日夜行われています。その現場を目にすることは少なく、消費する側だけにいると、その意義も切実には感じられないことが多いでしょう。

また、マグロ、ウナギもしくはクジラなどメディアがたまに報じる問題は、漁業全体から見たら、取るに足らないようなものなのです。断片的な時事ニュースからは、構造的な問題の在りかが伝わらないし、魚を販売しているスーパーの陳列棚も、現状の深刻さをそのまま教えてくれるものではありません。

本書では、現在の日本の水産業のありのままの苦境をお伝えしたいと思います。生産から流通、消費まで、どの現場でも問題が山積していて、どれも一朝一夕に解決はできません。しかし、私たちが当たり前のものとして享受してきた魚食文化を維持していくには、もうこの辺りで意識を変えないと手遅れになるかもしれないのです。

将来の世代にも、これまでのような豊かな日本人の糧《かて》を伝え残していくことができるかどうか。魚食を愛する水産人の一人として、水産業をとりまく現実を少しでも分かっていただくために、拙《つたな》い筆をとりました。

漁業をめぐる諸制度やそのシステムは時に専門的で難しく思われることもあるかもしれませんが、全体像をつかむためにも、読者各位のご賢察をいただければ幸いです。

1 漁業は誰のためのものか

市民と漁業者が対立しはじめている

近年、海の利用をめぐって、一般市民からの漁業者に対する不平不満が目立つようになっています。釣り好きのなかには、漁業者から「ここは立ち入り禁止だ。出て行け！」などと怒られ、理不尽だと思われた方もいるかもしれません。

確かに、高圧的な態度で一方的に一般市民を海から排除しようとする漁業者も多く、この手のトラブルは後を絶ちません。

日本は周りを海に囲まれた島国です。海はとても近くにある存在であり、長く親しんできた遊び場、憩いの場であるからこそ、こうしたトラブルも頻発するのでしょう。

大陸国アメリカやロシアでは一般的に海は身近ではなく、海の利用をめぐるトラブルなどはあまり起こらないようです。しかし、海で遊び、自分で魚や貝を獲って食べたいという欲求は、日本人にとってごく自然な感情で、健全なものです。

図5　全国で発生する漁業者と市民との代表的トラブル

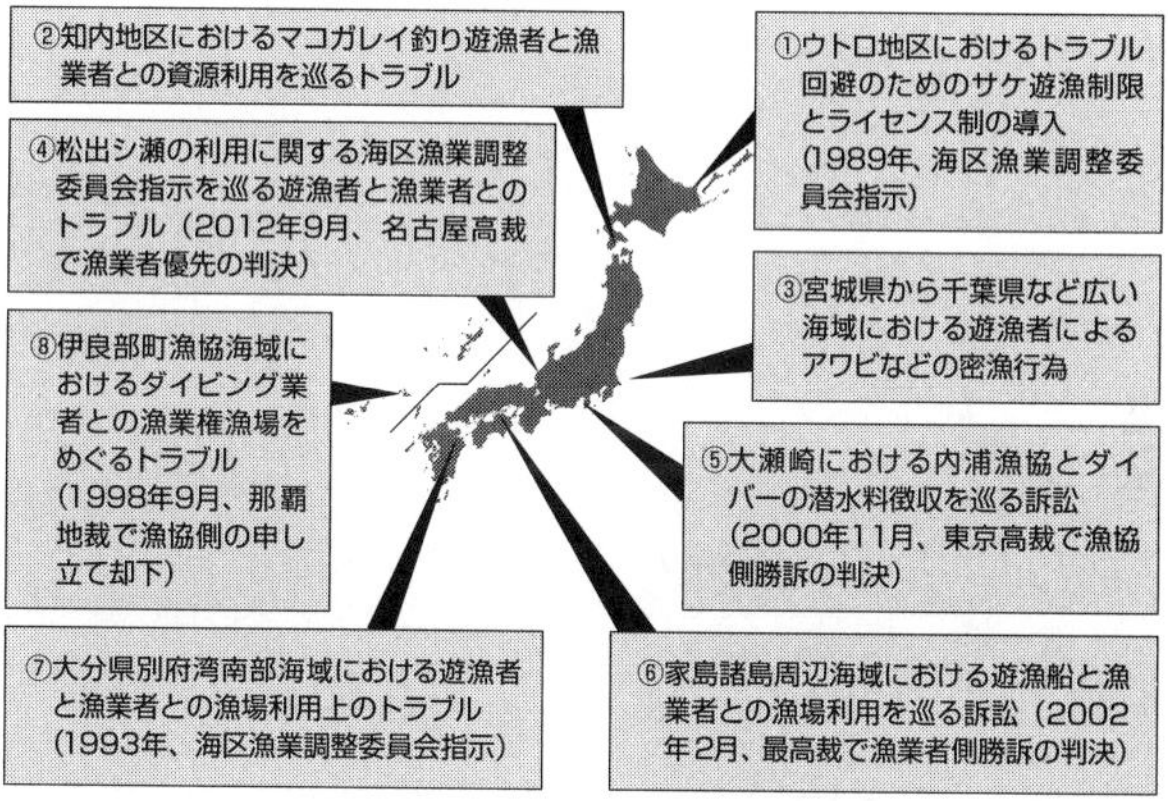

その欲求を制限する日本独自の制度が、漁業法、そして漁業権です。これら海の利用についてのルールを定めた制度については、ほとんど理解されていないためにトラブルが多発し、漁業者と市民が幾度となく対立してきました（**図5**）。

例えば、一九九三年に提訴された静岡県大瀬《おせ》崎《ざき》ダイビングスポット裁判（**図5、⑤**）はその代表的な事例です。海でダイビングを楽しむ市民に対し、漁業協同組合（以下、漁協）が「潜水料」という名目で料金を支払うように要求していたことについてダイバーが異議を申し立て、裁判になりました。

判決は二転三転の末、最終的に漁協側が勝訴しましたが、海の利用をめぐるトラブルに関しては、司法当局の判断すら混乱しているように見えます。

こうした問題については故浜本幸生氏の監修による『海の「守り人」論—徹底検証漁業権と地先権』（れんが書房新社）という名著があります。漁業権に関する著名な事例の解説、浜本氏と識者との対談を通じて沿岸域の利用ルールについて分かりやすく解説しながら法律論にも言及しており、多くのことが学べる一冊です。

また最近出版された加瀬和俊氏による『3時間でわかる漁業権』（筑波書房）は、漁業権を、歴史、制度、運用・実態の三つの観点からわかりやすく解説しています。

これらの本でも書かれている通り、漁業法や漁業権は、やみくもに市民の権利を軽視しているのでも、一部の漁業者に見られる高圧的な態度を正当化するわけでもありません。海の利用には、公益の観点から法律で定められたルールと尊重されるべき漁業者の権利が存在しているのです。そのことを順を追ってひもといていきます。

都市と漁村の距離感は遠くなるばかり

かつて市民と漁業者はもっと近い存在で、海でのレクリエーションも漁業と調和的に行われていました。私は一九六二年に大阪市で生まれ、子供の頃は夏が来れば家族と一緒に漁村に海水浴に出かけ、漁師の経営する民宿に泊まり、魚を釣って遊んだりしました。私たちのような都市の住民にとっては非日常的な、大きな喜びでした。

そこで聞く漁師たちの荒々しい浜言葉は聞き取りにくく、怖くさえありました。多くはそう裕福な暮らしには見えなかったものの、都会の大人たちよりもずっと力強く、私の親たちも彼らにきちんと敬意を払っていたように思います。

今も昔も、漁師は農家と同じく、都市の住民が自分たちで生産することのできない「食べ物」を供給してくれる人々です。多くが農山漁村の出自であった私の親世代は、彼らに当たり前に感謝と畏敬の念を抱き、また故郷を感じていました。

日常的な買い物でも、商店街の魚屋さんが、その魚の産地や旬、美味しさの理由を楽しげに教えてくれたものです。私は魚屋が商店街の中で一番好きで、ピカピカ光る綺麗な魚たちやそこで聞く魚の話が子供の頃から大好きでした。

一方、高度成長期には漁村から多くの若者が都市に働きに出て行きました。漁師にも都市部に暮らす親類縁者がおり、都市の住民を自分とつながるものとして感じとることができた。お互いに持ちつ持たれつ、という「共生」「共存」の感覚が自然に存在し、農山漁村と都市が食べ物を通じた運命共同体だと感じられる時代だったのです。

図6　関東圏における他地域からの転入超過数の推移

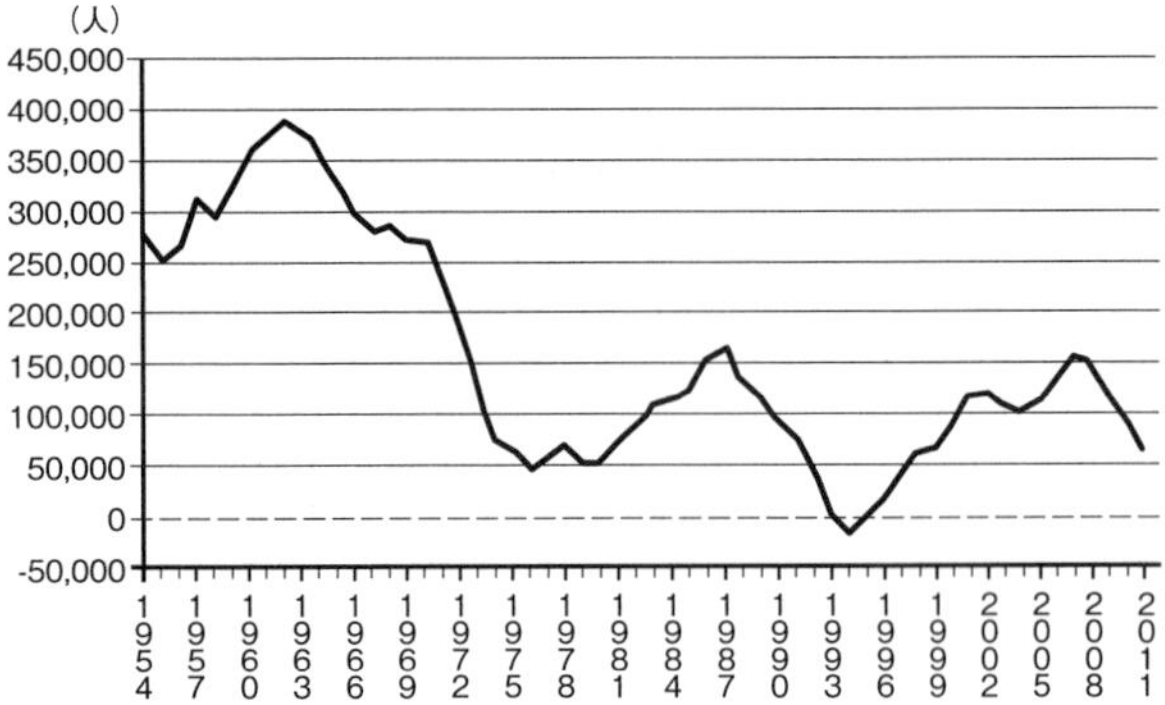

資料：総務省統計局「住民基本台帳人口移動報告」より作成

しかし、現代では、親の代から都市に住み、生まれてからずっと都市で育った住民が中心です。**図6**は関東一都三県（東京都・千葉県・埼玉県・神奈川県）への他道府県からの転入人口の超過数を示したもので、一九七〇年代初めまでに大きな人口移動が起きたことが分かります。

そうした移住組の多くが、すでに次世代をもうけています。

都会生まれの若者は農山漁村に郷愁を感じられず、農業や漁業などの一次産業は縁遠いものとなっています。グルメや旅行番組の題材としてテレビなどで紹介される農山漁村の姿は、多くが都市住民の面白半分の興味を満たすだけで終わります。日々の食卓とつながっているはずの農山漁村が、自分たちの生活とはつながらないのです。

一つ例をあげると、ＮＨＫが日曜の早朝に放映している『うまいッ！』という食材番組があります。日本中の食材とその丹精込めた生産現場を見つめた良質な番組ですが、そこで紹介される食材、例えば「天然アユ」を食べたいと思っても、都市のスーパーではまず手に入らない。見るだけ、想像するだけでは生活実感とはなりません。

他方ではマリンレジャーの技術的な進歩は著しく、スキューバシステムを担いで海底深くまで潜ったり、ＧＰＳや高性能の魚群探知機を搭載したプレジャーボートで漁業者並みの釣りを楽しんだりすることができるようになりました。

最近では「関さば」の漁場である大分県と愛媛県の間の豊予《ほうよ》海峡では、プレジャーボートがサバ一本釣りの漁場に多数進出し、問題となっています。これまで独占してきた深く遠い海までレジャー活動が広がっていることに対する、漁業者の戸惑いと反発はもっともなことだと思います。

流通システムのブラックボックス化が招く対立

漁業者と一般市民との距離感の拡大は、鮮魚売り場でも見られます。

国民の多くは、スーパーの商品棚に並べられている魚が誰によって漁獲され、どう扱われ、どのような流通経路をたどってきたのかは想像もできません。切り身になっていると、元の魚の形も、表示されている魚の名前さえ知らないことも珍しくない。パックに貼り付けられた小さな価格ラベルを頼りに買うしかないのが実情です。

戦後一貫して、魚の流通は徹底的な専門化と分業化が進められてきました。漁業者は魚を獲るだけ、産地の出荷業者は買い付けた魚を消費地に出荷するだけ、消費地の卸売業者は産地から出荷されてきた魚を小売業者に売るだけ、そして小売業者は消費者に売るだけ、という具合です。

この仕組みでは、小売業者だけが消費者と接することになります。本来は、魚を売るだけではなく、卸売業者から得る産地の情報などを消費者に伝える重要な役割が期待されていますが、スーパーなど現代の小売業者にはそれができません。

スーパーの鮮魚売り場で働く人の多くは時給制で働くパート労働者です。大型スーパーでは特にそうですが、自分が担当する作業以外のことは知らなくても大丈夫なように分業化が進められています。マニュアル通りに魚を切ったり並べたりすることには熟練していても、漁業や漁村のことなどはよく知らない。自分で仕入れをしないので、市場からの情報も持っていませんから、詳しい説明などできません。

安く売るために徹底的に合理化を進めてきたスーパー業態の発展で、流通経路のブラックボックス化は一気に進みました。そのため生産者と消費者が、お互いの存在を感じられない流通スタイルが確立されています。

お金さえ出せば気軽に何でも買えるのは、市場経済の便利さの一つです。あえてブラックボックスの向こう側（産地）まで見通そうとする人は少ないでしょう。気になるのは目の前の商品の味と価格のバランス、その買い物が損か得か、だけになります。

同時に、漁業者も漁獲してきた魚を漁港の卸売市場に水揚げすれば、その後は、自分が何もしなくても自動的に価格がついて口座に現金が振り込まれる。漁協が漁業者のために構築した便利な仕組みで、消費者に配慮する煩《わずら》わしさは一切感じないで済みます。お互いに気楽ですが、薄っぺらな関係が形成されてしまいました。

生産地と消費地の物理的な距離も拡がっています。

流通ネットワークが格段に拡がり、私のように鹿児島に住んでいても、北海道産の美味しい生鮮ホタテや刺身用サンマが簡単に食べられる。ありがたい反面、オホーツク海で操業するホタテ漁師の苦労や、道東沖で真夜中に行われるサンマ棒受網《ぼうけあみ》漁業の厳しさなど、漁業現場の実感はわきません。

近年は鹿児島のスーパーでもチリのサーモンやノルウェーのサバ、セネガルのタチウオやモーリタニアのタコが日常的に店頭に並べられ、地理的にも感覚的にも遠い国から輸入された水産物が、結構売れている。産地表示は以前より厳しくなっていますが、産地が世界的に拡大しすぎて、すでに実質的意味はなくなっています。

そして、判断の基準もかなり曖昧です。「ノルウェー産養殖アトランティックサーモン」と「三陸産養殖ギンザケ」は同じようにおいしいのですが、情けないことに水産学部の学生の中にも、三陸がどこにあるのかよくわかっていない者もいます。同じように「遠い場所」からきた魚でも、「ノルウェーサバ」と「八戸サバ」なら、今ではノルウェーのサバのほうが身近に感じられるようです。

それは仕方がないとしても、問題は、距離的にも心理的にも近いはずの近隣漁村に対しても共感を持てなくなっていることです。東京近郊にも日帰りできる範囲で漁村はたくさんありますが、普段の生活の中では都市住民と漁業者の交流はほとんどない。近隣の漁業者も南米や北欧の漁師も、心理的な距離感としてはどちらも遠い存在です。

消費者があえて産地を意識したり感謝したりする必要はないし、一方、国内漁業者も、都市住民の食生活を意識する必要性を感じられなくなっている。高く買ってくれるなら海外に顧客を探した方がいい、という流れになるのは仕方のないことです。

漁村と都市の「共生」「共存」意識が失われ、「売買」「取引」のドライな関係になってきています。こうした関係の中では、魚の価格が上がれば漁業者の収入は増えますが、都市住民は損をしたと感じます。両者はブラックボックス化した流通システムの両端で、利益相反する存在になっているのです。

これと同じように、海をめぐって漁業者が権利を主張すれば、都市住民はそれに対して不満を抱きます。そして海の利用においては都市住民の立場が強まり、漁業者は徐々に追い詰められつつあります。現代の日本では漁業者は圧倒的に少なく、経済的影響力が小さいからです。

漁業は日本固有のストロングポイント

これまで漁業者は、海の利用や水産資源の利用と管理において圧倒的に強い権利を有してきました。その根拠や正当性はどこにあるのでしょうか。

日本の国土面積は世界で61番目ですが、海（200海里排他的経済水域）の広さは世界で6番目、体積で4番目（日本周辺の海は深く、立体的拡がりが大きい）です。

日本の海は広いだけでなく実に豊かです。図7は主要な漁業国の、養殖を除いた海面漁業生産量の推移を示しています。近年は縮小気味ですが、それでも小さな日本が大国である米国やロシア、EUと同等の生産量を上げていることがわかります。

また、図8と図9は日本の海面漁業生産量と生産金額を、沿岸漁業、沖合漁業、遠洋漁業に分けてそれぞれ推移を示したものです。遠洋漁業は200海里制度や国際的な資源管理強化によって、近年大きく減少してきました。また沖合漁業もマイワシ資源の周期的な爆発的拡大期が終わり、これまた大きく縮小しています。

他方、沿岸漁業生産の安定性は高く、金額では過半を占めていることが分かります。日本の漁業生産にとって、ごく沿岸寄りの海が重要であることが一目瞭然です。

日本の近海、例えば、黒潮と親潮がぶつかり合う三陸沖漁場はサバやサンマ、マイワシなどプランクトンを餌とする多獲性の魚が多く集まります。それらを食べにカツオやマグロなどの大型魚も回遊してくる、世界有数の好漁場です。

国土は南北に細長く、海も沖縄や奄美などの亜熱帯からオホーツク海など亜寒帯にまで拡がっています。海岸地形も遠浅の砂浜や急深な磯場、穏やかな内海や波の荒い外海など変化に富み、海流も複雑です。その結果、いろんな種類の美味しい魚が季節ごとにたくさん獲れる世界的にもめずらしい海域となっているのです。

農林水産省の「食料需給表」によると、二〇一二年度の国民一人一日当たりの動物性たんぱく質摂取量は、鶏卵5・6グラム、牛乳・乳製品7・8グラム、畜肉15・1グラム、魚介類は15・5グラムです。二〇一二年度の「水産白書」によると食用水産物の自給率は約六割ですから、自給できている水産物由来のたんぱく質は約9・3グラム。

もし、これをすべて畜肉で賄うとすれば、おそらく200〜300万ヘクタールの飼料用耕地が必要で、現在の国内の全耕地面積の二分の一から三分の二に相当します。300万ヘクタールなら岩手県二個分の耕地、牛肉だけで賄おうとすれば、さらにその三倍、北海道ぐらいの耕地が要る計算になります。

肥料もいらない海が巨大な耕地に替わる役割を果たしていて、十分な動物性たんぱく質を海から供給できるということは、国際的なストロングポイントなのです。

日本の畜産品（牛乳や卵を含む）の自給率はカロリーベースで約83%ですが、その飼料の八割以上を輸入に依存しているため、実質的な自給率は16%程度にすぎません。普段、私たちが食べている肉や卵、牛乳などの八割以上がもとをたどれば海外産なのです。これでは国際情勢や為替相場、海外生産物の安全性が不確実化する現代において、食料

図7　世界の主要漁業国における漁船漁業（養殖を除く海面漁業）生産量推移

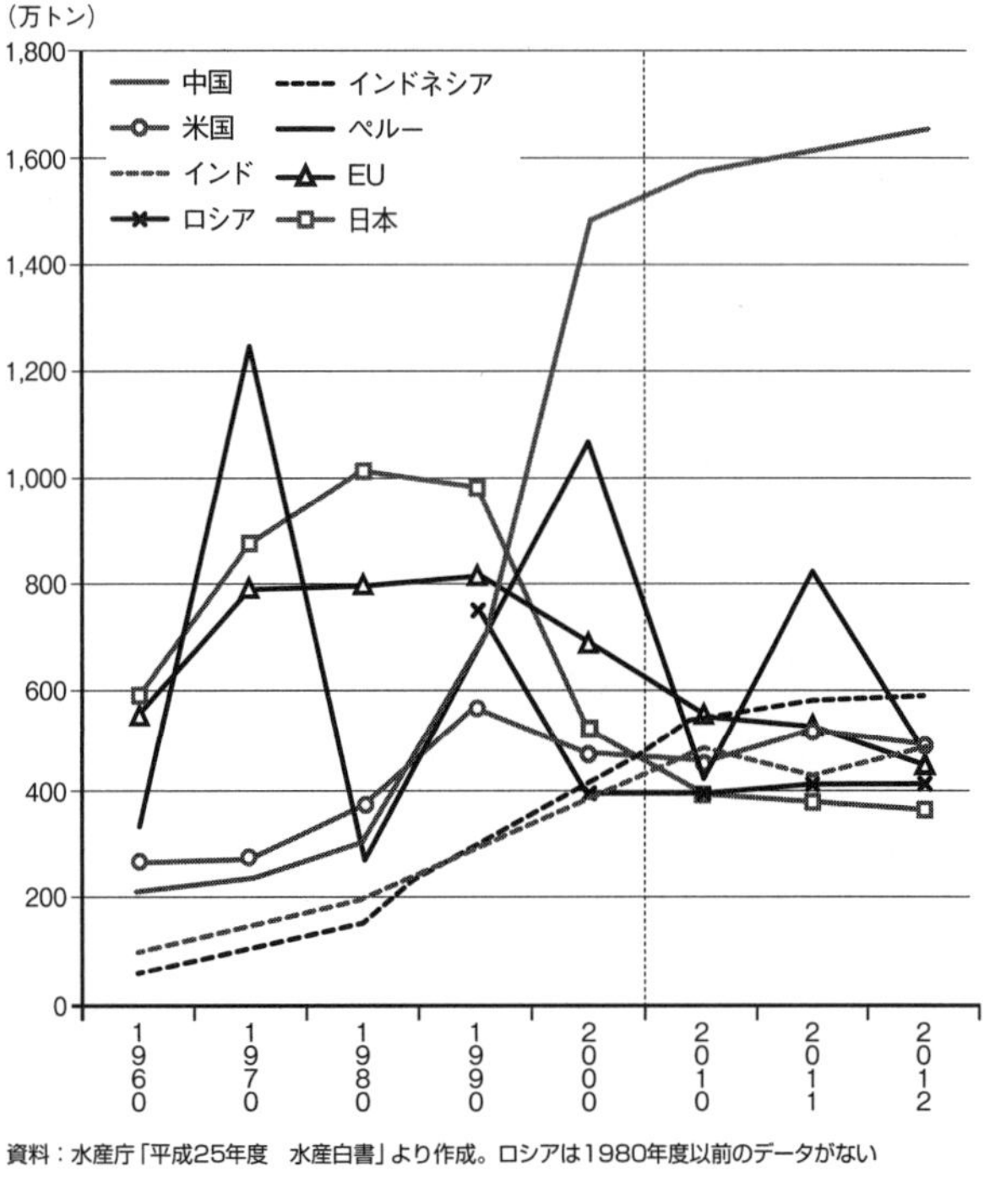

資料：水産庁「平成25年度　水産白書」より作成。ロシアは1980年度以前のデータがない

図８　日本の漁船漁業（養殖を除く海面漁業）生産量推移

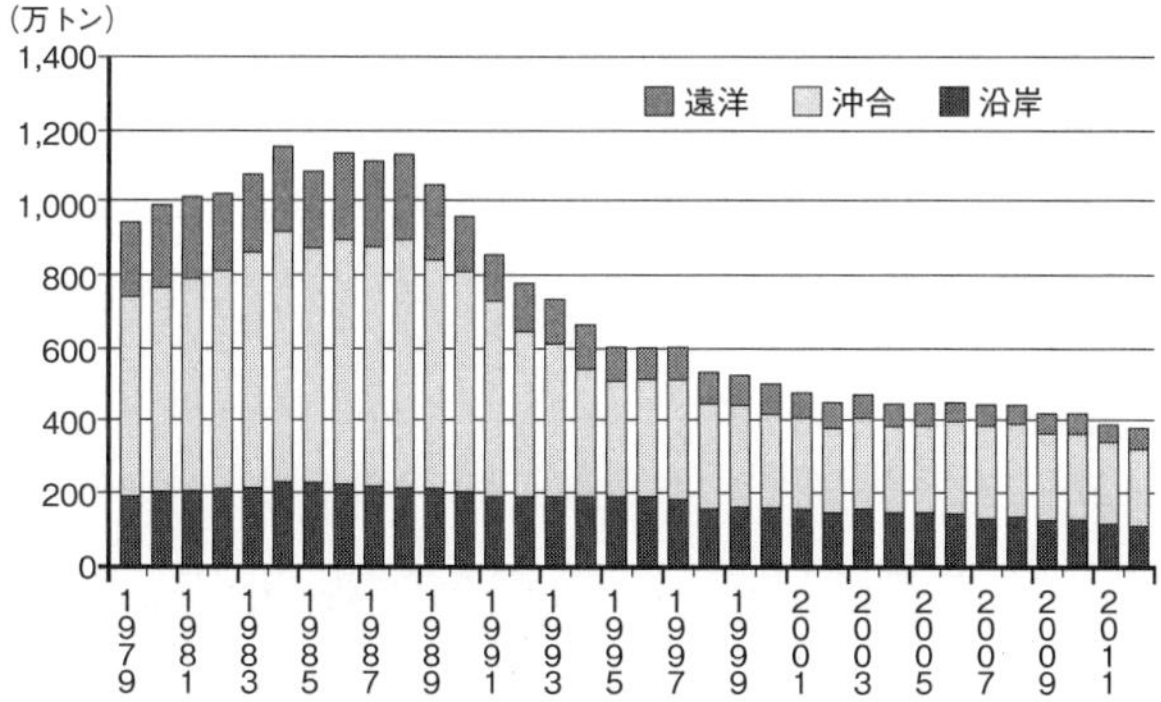

資料：農林水産省「漁業・養殖業生産統計」より作成

図９　日本の漁船漁業（養殖を除く海面漁業）生産金額推移

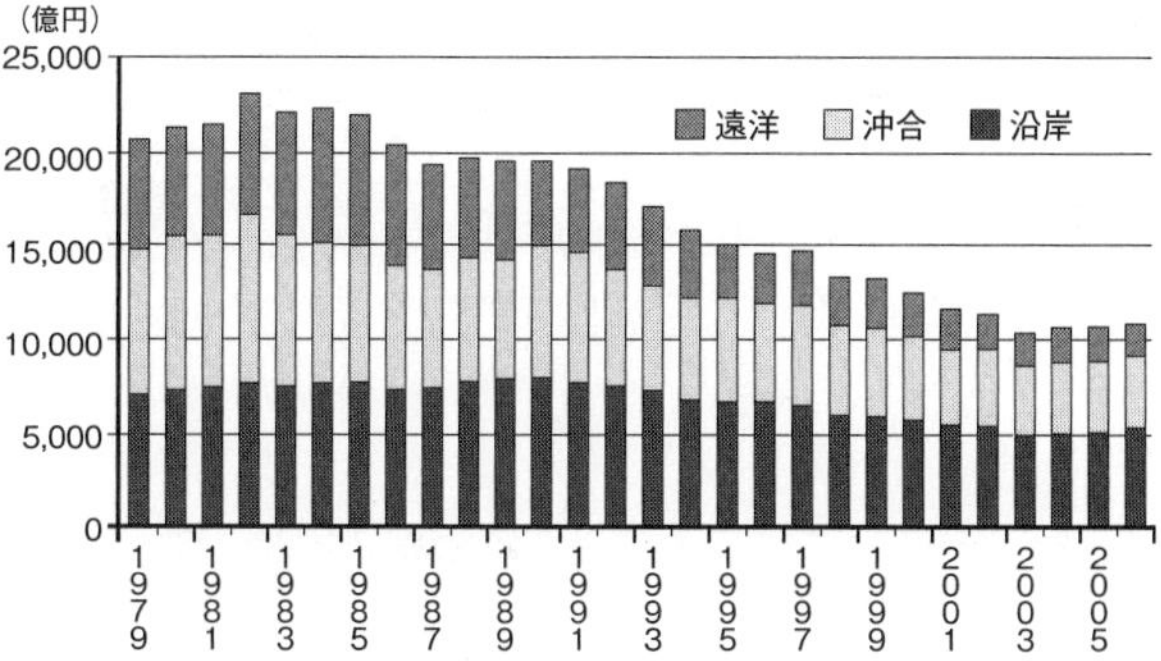

資料：農林水産省「漁業生産額」より作成

安全保障に潜在的リスクがあると言わざるをえません。

ＷＴＯ体制においても、常に食料を自由に輸入できるわけではありません。例えば二〇〇三年には米国でＢＳＥ（狂牛病）の発生が確認され、米国産牛肉の輸入が全面的にストップしました。牛丼屋から牛丼が消えたことをご記憶の方も多いでしょう。

また二〇一〇年には、世界第三位の小麦輸出国ロシアが大干ばつに見舞われ、小麦を含む穀物の禁輸措置をとりました。その結果、シカゴの小麦先物相場は約八割も上昇し、世界中の食料供給が混乱に陥りました。お金さえ払えばいくらでも買えるという考えは甘いのです。生産国の政策や防疫上の問題に左右される国際市場に食料供給を頼ることは、大きなリスクをともないます。

自動車や電化製品などとは根本的に違い、人間が健康に生きていく上で、食料は根源的に不可欠です。やはり食料の一定割合をしっかり持続的に自給していくことが、国民生活の安定には必要です。農協や漁協、そして多くの政治家がＴＰＰ（環太平洋経済連携協定）に反対しているのは、食料安全保障の観点からは当然だといえます。

現在、ＴＰＰ交渉は、農産品や畜産品の日本への輸出を大幅に増やしたいアメリカなどを相手に大変厳しい交渉になっています。牛肉と豚肉は「聖域」の重要五品目に入っているので完全自由化ということにはならないでしょうが、大幅な関税引き下げも予想される中、畜産品の自給率が大きく下がる可能性があります。

やはり、将来の動物性たんぱく質の自給体制を守っていくためには、水産業を安定的に維持していくことが重要になります。漁業者の数が少なく、生産額が小さいからといって漁業を軽視してはならないのです。

漁業権の理念が薄らいでいる

漁業権に話を戻しましょう。漁業権とは、国民が恩恵を受ける水産食料の生産・供給という役割を担うことと引き替えに、国民が漁業者に特定の沿岸漁業の権利を委ねたもの、と考えられています。つまり、近代社会の中で発達してきた都市と漁村の分業体制を制度的に支えるものです。

オフィスや工場で働く都市住民は、自分で食料を作り出すことができません。農業もそうですが、特に水産物は、厳しく危険な労働をともなう漁業に全面的に依存していきます。漁業生産の安定化、後継者の確保を確実にするために、漁業者に強い権利を認めてきたわけで、漁業者が好き勝手に海を使っているわけではないのです。

では、食料生産の維持とレジャーという個人的欲求がぶつかり合う時、どちらを優先すればいいのか。個人を尊重するアメリカなどでは、水産物が食料としてそれほど重要ではないこともあり、レジャー側の立場が強いといわれます。しかし日本では水産物は基幹的な食料ですから、漁業の公益性が優先され、レジャーはそれに準じたルールのもとで楽しむことが望ましい、という考え方が基本です。

漁業権はこうした考え方に立っています。一方では、漁業権を利用する以上、漁業者も都市住民に対して水産食料の供給を誠実に果たしていかなくてはなりません。埋め立てなどによる漁業権補償を当て込む、海砂利の採取で儲《ふさわ》ける、国内の市場に供給せずに輸出ばかりしている、そうした漁業者には漁業権は相応しくありません。それは漁業権の理念に反しています。漁業者もこの理念を十分に理解して、国民の食生活に向き合うことが不可欠です。

都市と漁村との共生の感覚が薄らぎ、海の利用をめぐって双方が自分の権利を主張し、互いを思いやることがなくなると、日本独自のユニークな海の利用制度は、遠からず崩れ去ってしまうでしょう。もともと水産物が食料としてあまり重要ではない欧米諸国では、利用権を市場で取引するようになっています。日本でもそういう時代が来るかもしれません。

しかし、そうなると資本力のある企業が利用権を買い集め、水産資源が大企業の資産となり、零細な漁業者は追い出されてしまいます。ひいては沿岸漁業は立ち行かなくなり、漁村地域も崩壊してしまう。制度を導入したアイスランドやニュージーランドでは、現実にそうした状況が問題視されています。

企業の経営はシビアです。輸出中心になることも、計画通りの収益が得られない場合、短期間で利用権を売りに出すこともあるでしょう。新規参入と廃業や脱退が繰り返されることも十分予想されます。

水産資源というのは不安定で、漁業生産も変動しやすいものです。企業とその株主に長期間、安定的利益をもたらすのは難しいと私は見ています。生産性は低くても粘り強く漁業に取り組む地域に根づいた漁業者と、効率的だが株の収益性によって参入と脱退がドライに決定される企業との、どちらが日本の沿岸漁業の将来にとって相応しいのかは明らかでしょう。

2 「海外に活路を」は正論か

歴史的に日本漁業には国際競争力がある

第二次安倍政権は「輸出を拡大し、今後一〇年間で農業所得を倍増する」という「攻めの農政」を打ち出しました。二〇一二年に4500億円程度だった農水産物や食品の輸出額を、二〇二〇年までに1兆円に倍増させるというのです。

このような政府による輸出拡大政策の背景には、少子高齢化が進み、今後国内食料品市場の縮小が確実視されることがあります。そうした展望の下で農水産業を維持するためには輸出を拡大するしかない、と考えている。もっともな話です。

水産物に関しても、現在では若い世代の「魚離れ」が言われて久しく、国内市場の拡大に多くは期待できません。「水産業を輸出産業化して再生する」というチャレンジは水産業界においても魅力的で、重要な政策課題だと言えるでしょう。

確かに、国内市場が縮小し、過剰な水産物があるなら輸出すればいい。しかし、水産

図 10　主要な輸入水産物の輸入量推移とその輸入依存率

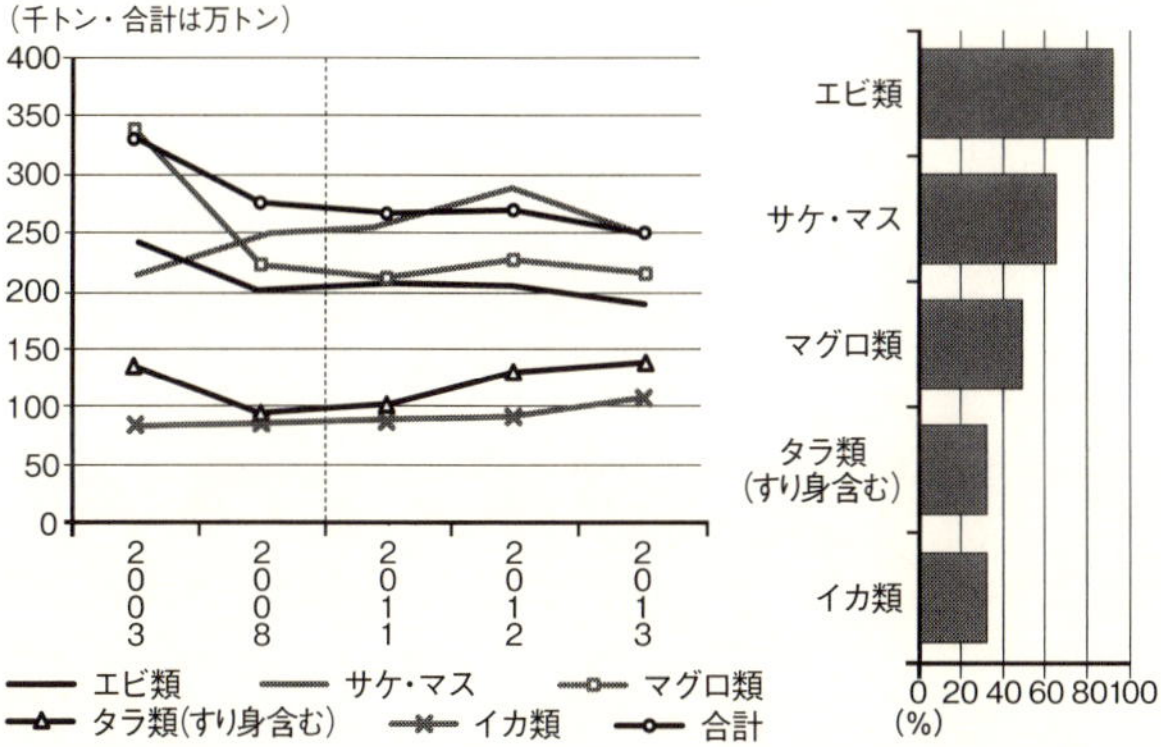

資料：財務省「貿易統計」より作成

物は本当に過剰なのか。また、日本の水産物には簡単に輸出を伸ばせるほど国際競争力はあるのか。まずは現状を見ていきたいと思います。

現在、日本は世界有数の水産物輸入国です。**図10**は日本の水産物輸入量の推移と輸入依存率です。二〇一三年度、食用水産物の輸入量は249万トン、金額では約1兆5800億円で、サケやマグロ、エビなど基軸的な水産物の多くを輸入に依存している。二〇一二年度の消費量に占める輸入の割合は、51・4％と約半分を占めます。

あまり知られていないことですが、サバやイワシなどの青魚、ノリやワカメなどの海草類など一部（これらには輸入割当制度があるが、実質的にそこまで輸入されておらず制限として機能していない割当もある）を除いて、ほとんどの水産物は輸入がほぼ自由化されています。サケやマグロ、エビなどには数量制限はなく、関税も１〜３・５％とごく低い水準です。生鮮・冷蔵野菜も関税率は３％と低く設定されていますが、これは国内市場では鮮度の良い国産品に十分な競争力があるからです。鮮度がそれほど重要でないミカンやリンゴは17％、牛肉は38・５％とかなり高い。品目によってきめ細かな保護策がとられてきた農産物と違い、水産物では市場開放が早くから進められてきたのです。

その結果、国内の水産業は厳しい国際競争にさらされてきました。漁業の従事者が減少するのは当然です。また、漁業は農業と異なり、他の陸上産業との兼業化による生き残りが難しい。経営体数は二〇〇一年の約14万から二〇一〇年には約10万と、一〇年足らずで四分の三まで縮小し、従事者数も**図11**で示すように急速に減っています。

二〇一二年度、水産物の自給率は58％ですから水産物は余っているとは言えず、むしろ足りないと言うのが妥当です。では、そんな日本漁業に国際競争力はあるのでしょうか。

北洋サケ・マス漁業をはじめ遠洋漁業が盛んだった一九五〇〜六〇年代、日本は欧米で需要の高い缶詰原料のサケやマグロの大輸出国でした。明治期日本の主要な輸出産品

図 11　日本の漁業従事者数推移

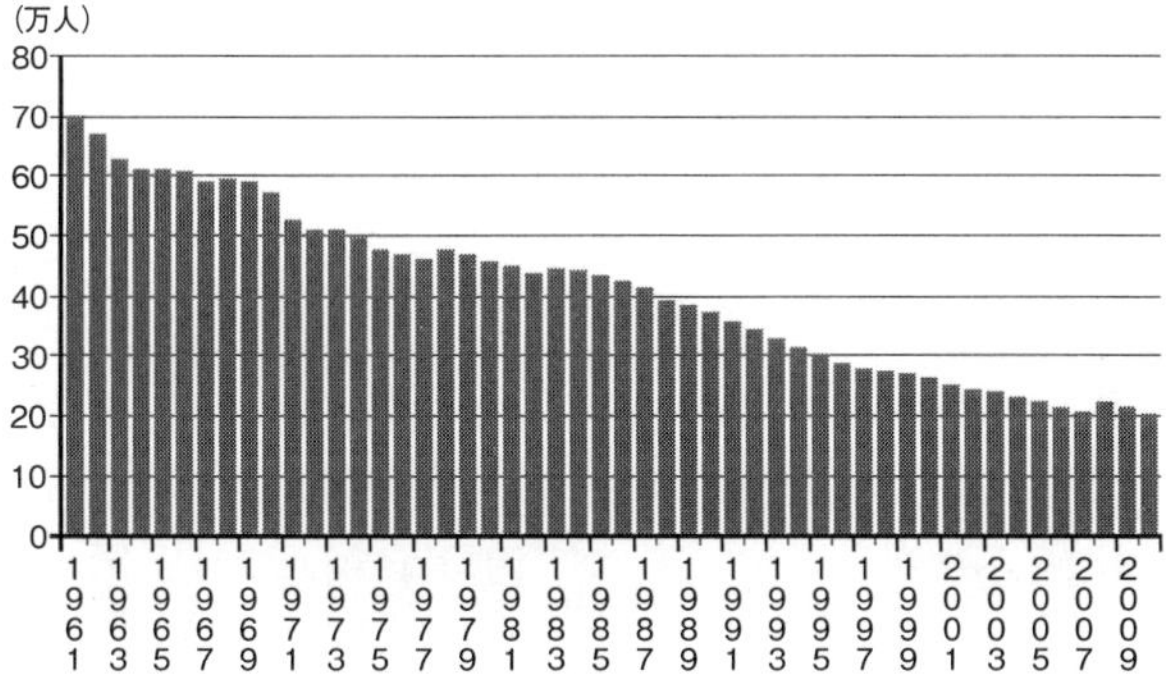

資料：水産庁「平成24年漁業就業動向調査報告書」より作成

図12　農林水産物・食品の輸出額推移

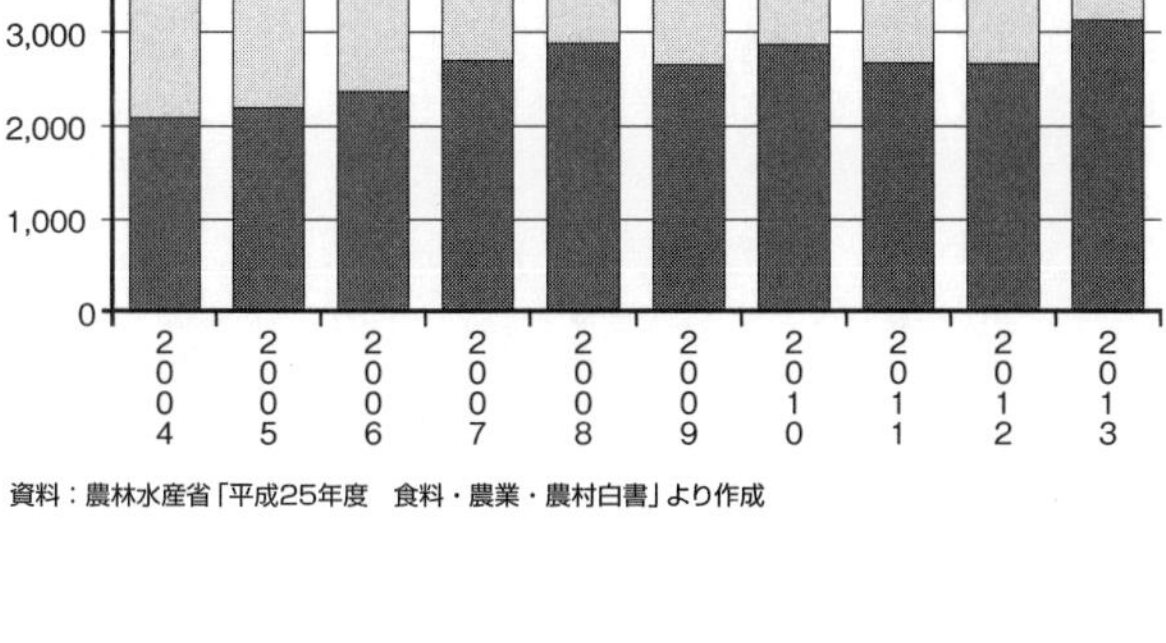

資料：農林水産省「平成25年度　食料・農業・農村白書」より作成

は絹などの紡績品と水産物でしたし、さらに時代をさかのぼれば、スルメや干しアワビ、コンブ、干しナマコなど「俵物《たわらもの》」と呼ばれる乾物類の輸出国でした。

日本の水産業は歴史的に見て、国際競争力がある価値の高い水産物を生産する力があるということです。

日本の農林水産物・食品輸出に占める水産物の割合は二〇一二年度で37・8%、約1700億円です。農産物の59・6%（2680億円）と比較して小さいのですが、水産物の生産額（1兆4180億円）は農産物（8兆5251億円）の17%程度しかない。つまり、生産金額に占める輸出金額の割合では水産物が約12%、農産物が約3%と、水産物のほうが圧倒的に多いのです。

図12は近年の農林水産物・食品の輸出金額推移です。水産業は六倍の生産金額を誇る農業に、輸出金額では大して引けを取らないことが分かります。

このようなデータからわかるのは、日本の水産物は、農産物に比べても高い国際競争力があるということです。「攻めの農政」が掲げる「農産物輸出1兆円計画」には水産物も含まれており、水産物輸出が拡大しなければ、政策目標は達成できません。政府も日本の水産物の輸出拡大を織り込んでいるのです。その理由は以下の通りです。

第一に、欧米諸国で水産物の価値が見直され、日本の水産物の評価が上がっていることです。

BSEや鳥インフルエンザなどの問題は、欧米でも確実に「肉離れ」をもたらしました。また動物性脂肪の摂りすぎは肥満や生活習慣病につながるため、悪玉コレステロールを排出する魚類のDHA（ドコサヘキサエン酸）やEPA（エイコサペンタエン酸）が人気を集めている。欧米人にとって水産物は食べる薬ともいわれ、「和食」が健康的でモダンな食のスタイルとして注目されています。刺身や寿司ダネには、日本で漁獲して活け締め処理された鮮度の良い魚を使うことが多く、こうした輸出市場の拡大も期待できます。

第二に、発展途上国における経済発展と消費拡大があります。

経済が発展すると、どこの国や地域でも豆類などの植物性たんぱく質よりも畜産品や魚類などの動物性たんぱく質を摂取するようになります。初めのうちは最も安価な畜産品である鶏肉や、最も安価な水産物である水産缶詰の消費が増えます。水産缶詰は半永久的に常温保存でき、調理しなくていい上に、骨まで残さず食べられて、栄養価も高いからです。

中国や東欧諸国、北部アフリカ、南アメリカ諸国の一部では現在、水産缶詰の需要が拡大しています。先進国でよく食べられるのはツナ缶ですが、発展途上国では安価な青魚の缶詰が一般的です。なかでもサバ缶は脂肪分が多くカロリーが高いので人気があります。日本からも、これまで食用にならず養殖の餌として利用されてきた小型のサバが、中国やエジプト、ナイジェリアなどに缶詰原料として大量に輸出されるようになりました。こうした缶詰原料としての需要はこれからも高まる一方でしょう。

第三に、韓国、中国など東アジア諸国の購買力上昇があります。

日本と韓国、そして中国では人気魚種がそれぞれ異なります。例えば、日本ではマダイよりもヒラメが高価ですが、韓国ではマダイのほうが高い。日本の養殖マダイの一割が韓国に輸出され、韓国の養殖ヒラメが大量に輸入されています。日本市場における韓国ヒラメのシェアは、天然物も含めた総供給量の四分の一に達します。

こうした嗜好の違いは天然魚にもあります。タラコや明太子はスケトウダラの卵巣で、その精巣（白子）はタチと呼ばれ、冬場の鍋の材料になります。それらを取った後の魚体の多くが日本ではすり身やフィッシュミールに加工されます。一方、韓国ではスケトウダラはチゲ鍋の最高の素材ですから、北海道で漁獲されたものを輸入しています。

経済発展が著しい中国では、日本では市場の小さい干しナマコや干し貝柱、フカヒレなどの高級な乾物が爆発的に売れています。水産物輸出の金額面でのトップは、中国市場向けの乾燥ホタテと乾燥ナマコです。震災の影響で一時的に輸出がストップしましたが、東アジアの市場は今後ますます成長することになりそうです。

第四に、日本の水産物に価格的魅力が生じていることがあります。例えば、シロザケ（アキサケ）はこれまでは塩蔵新巻《えんぞうあらまき》や家庭での弁当用塩ザケなどに利用されてきました。しかし、二〇〇〇年代に入ると輸入サケ・マスに市場を奪われ、価格が大きく下落した結果、今では中国に大量に輸出されています。

自給率から見ても分かる通り、全体的に見れば水産物は不足しています。しかし、国内市場での需要が小さく供給過剰になったり、価値が見いだせなくなったりした水産物では、漁業を存続させるために輸出を拡大させているという構図があります。

前述したように、日本では漁業は国民に食料を供給するからこそ、漁業権という強い権利を与えられてきました。うまくやれば、水産物輸出の拡大と実質的な自給率の維持は両立できそうですが、無秩序な輸出拡大は、水産業や地域社会に大きな歪みをもたらすことがあります。次に、その実例を見ておきたいと思います。

輸入サケ・マスに押されてアキサケ輸出が拡大

日本では昔からサケを「捨てるところがない」といわれるほど大切に利用してきました。北海道を中心に大量に漁獲されるシロザケは、秋になると産卵のために生まれた川に遡上します。河口付近に仕掛けた定置網で一網打尽にする「アキサケ」は、関東以北の人々にとっては伝統的な馴染みの食材でした。

しかし、現代の日本人が食べている「サケ」は、そのアキサケではなく多くがチリ産ギンザケなどの輸入サケ・マスです。産卵前なので脂が抜け、色も味も薄くなるアキサケに比べて、輸入ものの養殖サケは真っ赤で脂の乗りもいい。そちらが人気となり、アキサケが食卓に上がる機会はほとんどなくなってしまいました。

図13と**図14**は、日本市場に供給されたサケ・マスの国内生産量と輸入量、天然ものの供給量と養殖ものの供給量の推移を示しています。

図15は二〇〇一年と二〇〇七年の、北海道産アキサケの仕向け配分を示しています。一九九〇年代に塩蔵品の消費が減り、冷凍原料化が進みました。人気が低下し安価となった冷凍原料はフレークや冷凍食品などに広く利用されるようになり、北海道の水産加

図 13 日本市場に供給された国内サケ・マスと輸入サケ・マスの推移

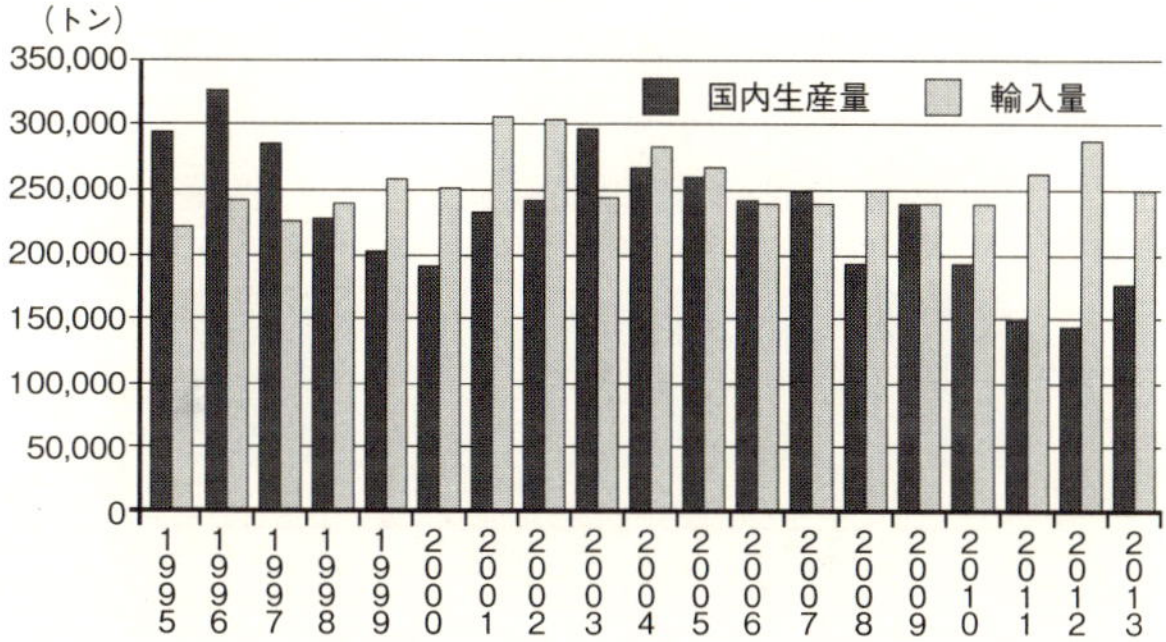

資料：農林水産省「漁業・養殖業生産統計」、および財務省「貿易統計」より作成

図14 日本市場に供給された天然サケ・マスと養殖サケ・マスの推移

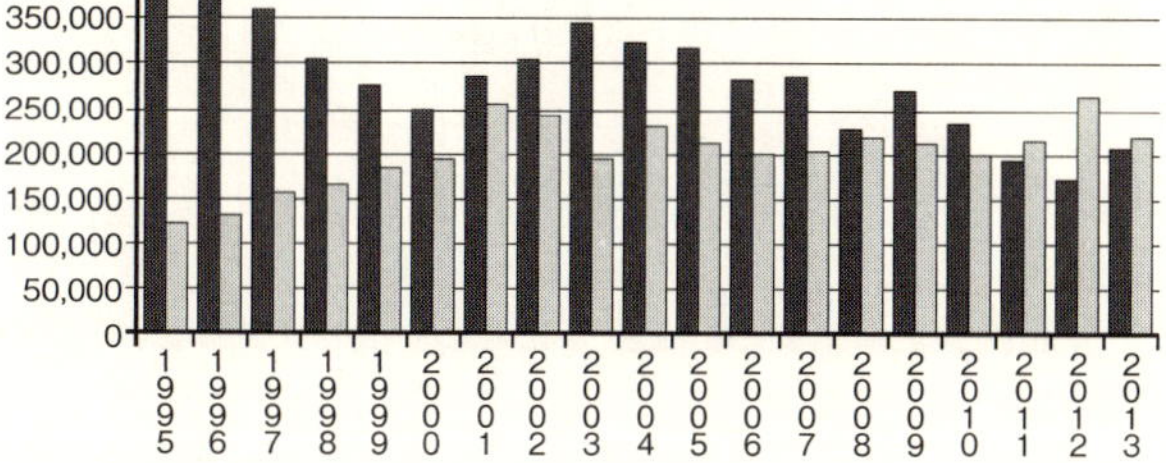

資料：農林水産省「漁業・養殖業生産統計」、および財務省「貿易統計」より作成

図 15　北海道産アキサケの用途別仕向け比率

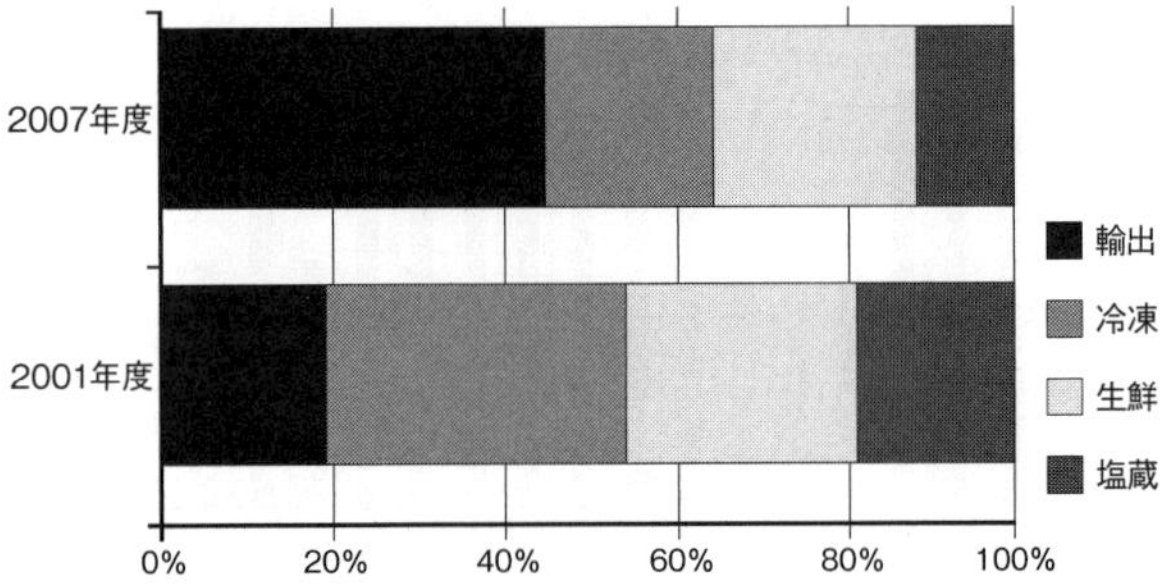

資料：北海道漁連資料より作成

図 16　アキサケの輸出実績推移

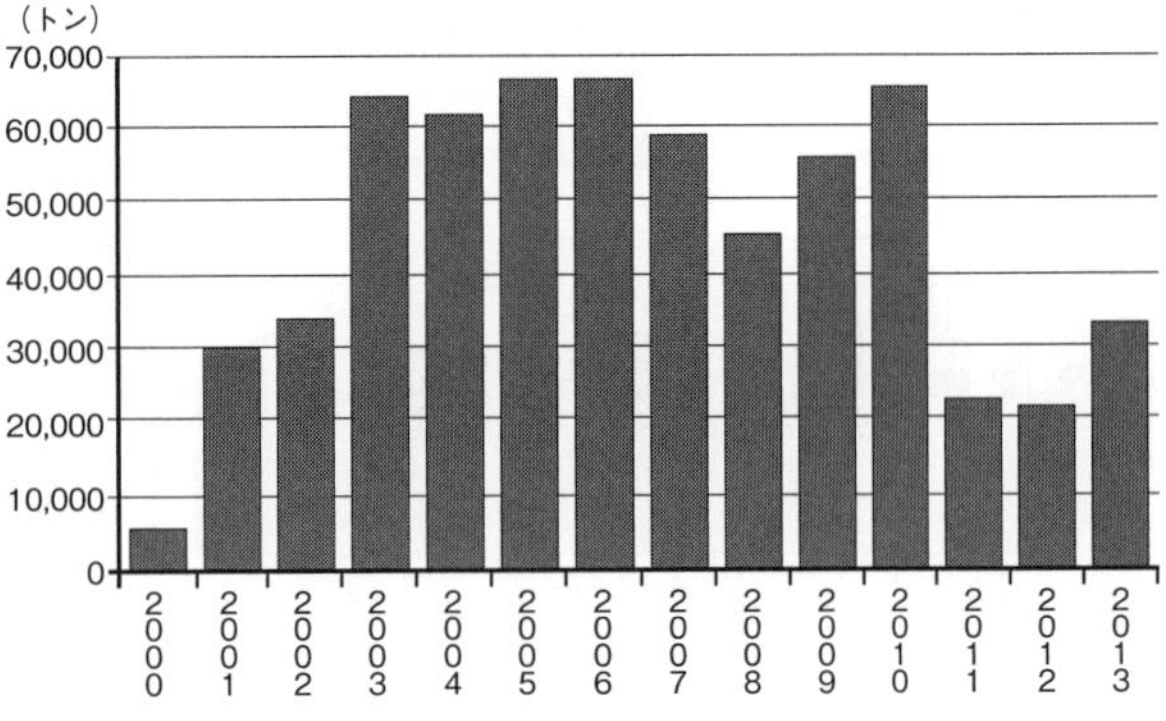

資料：農林水産省「漁業・養殖業生産統計」、および財務省「貿易統計」より作成

工業を支える存在となりました。しかし近年ではそれらが輸出に向けられているのです。

図16は、近年におけるアキサケ輸出の推移です。震災や風評被害の影響で輸出は一時大きく減少しましたが、それでも以前と比較すれば大きな割合を占めます。

近年は中国への輸出が劇的に拡大し、かなりの部分は中国でフィレ（三枚下ろし）などに加工された後、アメリカ西海岸北部の大衆市場向けに輸出されています。アメリカでは鮮度の良い安価な天然サケとして人気があり、しかも人件費の安い中国で加工することで価格競争力を強めています。輸出が拡大したことでアキサケ価格は上昇し、二〇〇三年のキロ当たり150円足らずから、二〇〇七年には350円近くまで上がり、生産者は大喜びでした。

しかし、大手水産会社がアキサケを買い占めて輸出してしまうため、零細な地元加工業者への原料品が不足するようになりました。サンマやホッケに転換したり廃業に追い込まれたりする業者も出て、長年、地元のアキサケをサケ弁当に使い続けてきた道内のコンビニエンスストアも、原料不足から輸入品にシフトしてしまいました。

輸出市場には不安材料もあります。より安価なアラスカ産シロザケとの競争で売値が下落していること、中国で加工する際の安全性に不信感が高まっていること、などが新しい問題として起きています。

また、この数年はアキサケが極端な不漁続きで産地価格が高騰し、輸出市場を維持することが難しくなっていますが、豊漁で価格が下がっても再びスムーズに輸出拡大できる保証はありません。輸出に懸命になっているうちに国内の加工原料市場が縮小してしまったため、いまさら国内市場に頼ることもできない状況になっています。

「輸出に活路を」と言うのは簡単ですが、そんなにうまい話だとは限らない。その点は、注意しておくべきでしょう。輸出は安定的でも、確実に儲かるものでもないということです。シビアで、変化の激しい国際競争に挑むには相応の覚悟が必要です。今なら儲かりそうだ、という安易な姿勢でのぞむと長期的には失敗する可能性が高い。一度、輸出に特化して国内市場を壊してしまうと、それを永遠に失う可能性もあるのです。

ノルウェーサバ高騰の余波

サケと同様に、サバも日本人にとって馴染み深い魚です。しかし、**図17**のように一九八〇年代以降、漁獲量が大きく減少しています。海洋環境の変動、小型魚の獲りすぎなどが要因と言われ、脂の乗った大型のサバが獲れなくなっています。

それを埋め合わせるため、日本はノルウェーからサバを大量に輸入してきました。スーパーで売られる塩サバやしめサバなども、ノルウェー産が席巻。国内産より脂の乗りが良いノルウェーのサバを好んで買う消費者も多くなりました。

しかし、二〇〇四年までは年間15万トン程度で安定していた輸入が、最近は5～6万トン程度まで激減しています。世界中でノルウェーサバの人気が高まり、中国やロシア、東欧諸国への輸出が急拡大したためです。以前はキロ当たり130円程度だった輸入単価が200～300円に高騰、「買い負け」状態で輸入したくてもできない状態です。

図18は近年のサバ類の輸出入量の推移を示したものですが、国産サバの輸出が拡大し、二〇〇六年には国内生産量の約三分の一に当たる18万トンが輸出されています。それまでは養殖の餌になっていた小型のサバを中心に、より高い価格で大量に輸出されているのです。輸出には、中国やエジプトなどで缶詰に加工されて現地で消費されるもの、中国で一次加工された後に日本に再輸入され、二次加工（塩蔵フィレ、しめサバフィレ、骨なし切り身など）されて国内消費に向かうものの二通りがあります。

輸出拡大によってサバ漁業の経営は大きく改善されましたが、餌となる小型サバの供給が減り、価格が上昇したことで養殖経営が大打撃を受けました。輸入魚粉を使った人

図 17　サバ類の生産量推移

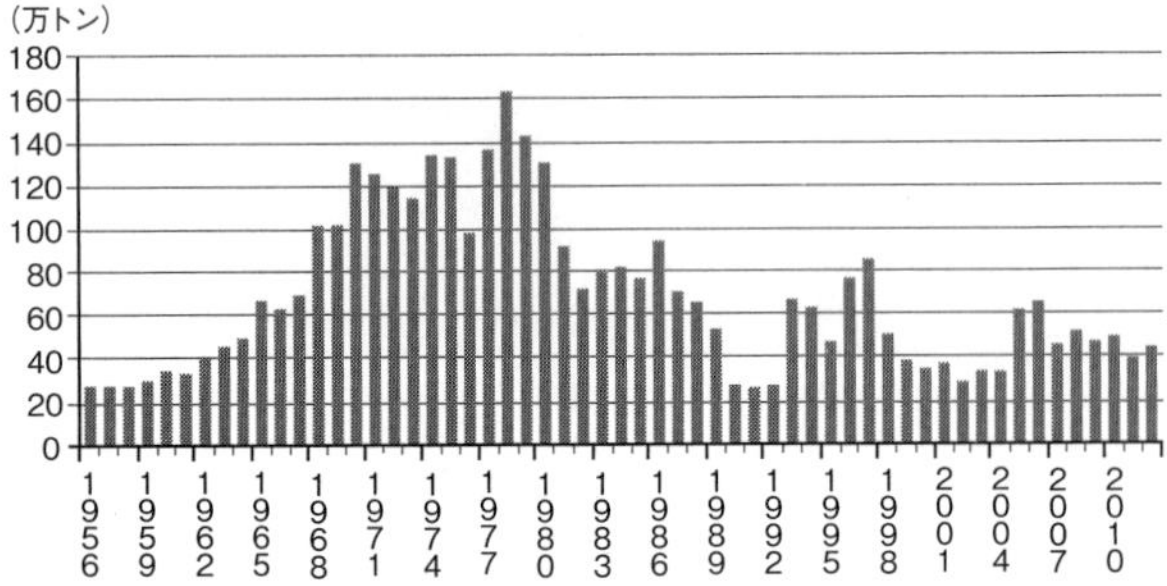

資料：農林水産省「漁業・養殖業生産統計」、および財務省「貿易統計」より作成

図 18　近年におけるサバ類の輸入と輸出の推移（調製品を含まない）

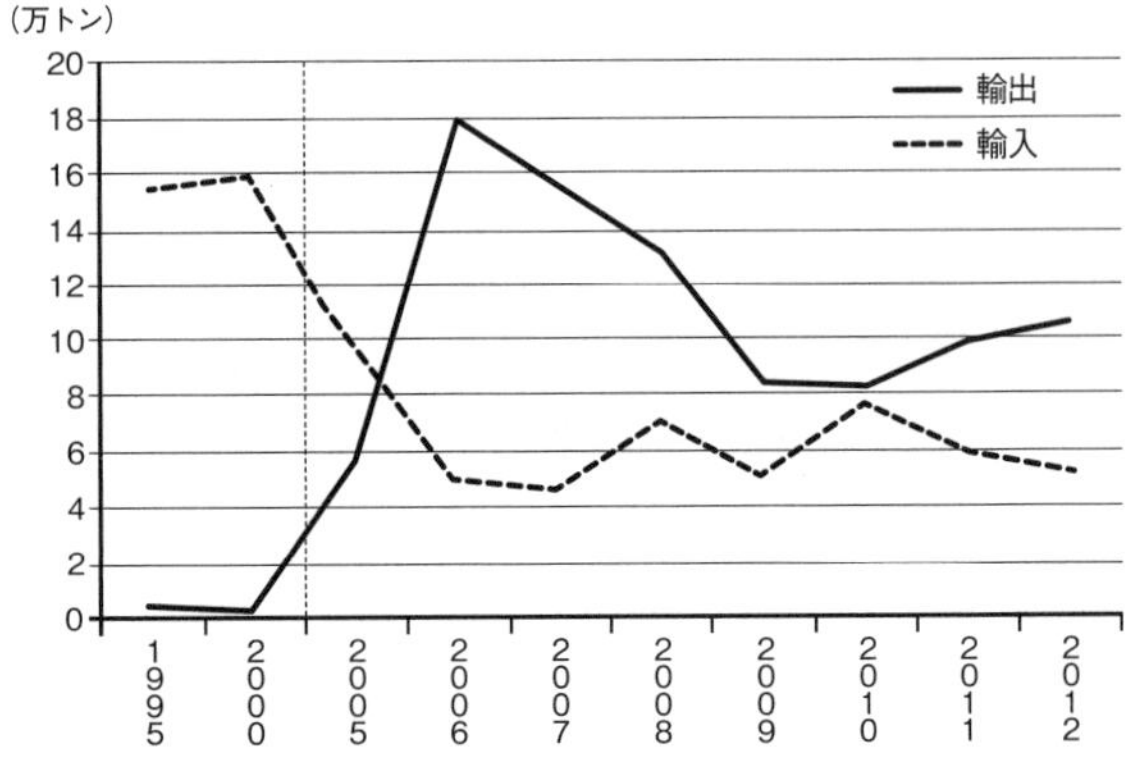

資料：財務省「貿易統計」より作成

工飼料への転換を急速に進めています。

しかし、二〇〇八年秋のリーマンショック以降は世界中の景気が悪化し、サバの輸出価格も大きく落ちこみました。小型サバの輸出もストップしましたが、すでに人工飼料化が進んでおり、餌料としての販路は縮小してしまっていました。産地が輸出ブームに湧いている間に、足下の国内市場を失っていたのはアキサケとよく似た構図です。

マグロ養殖の拡大などで、今はまた餌料不足となり小型サバ価格は上昇しています。しかし輸出市場に大きく依存することの不安定性を、業界は学んだはずです。

「儲かるから輸出に回す」は危険な考え方

もちろん漁業も儲けなくては経営を維持できません。ビジネスチャンスがあれば、輸出もしていくべきでしょう。国内需要が小さいアキサケや小型サバの一部は輸出で価値を見いだされています。養殖ブリや養殖マダイのように生産過剰になっている魚の一部は輸出で需給バランスが調整されています。長期的に漁業と国民のためになる輸出は良いものだと思います。

しかし、食料政策として考えると手放しで喜んではいられません。現代では、国内市場よりも高く買う海外市場があると、水産物は容易に海外へ流出します。儲けのために国内市場や国民への食料供給責務を放棄することになると問題です。

「儲かるから輸出」という考え方は長い目で見ると危険が大きすぎます。それは裏を返せば、「儲からなくなれば廃業」ということにつながるからです。食料安全保障の観点から考えると、実質的な自給率を引き下げるような安易な輸出拡大は考えものです。輸出の大前提は「余っているぶんを有効利用するように輸出して利益を出そう」ということであるべきで、「儲かるものは何でも輸出しよう」であってはなりません。後者の思考法はあまりに近視眼的です。

ＴＰＰ交渉で、アメリカは日本の漁業補助金廃止を強硬に求めています。アメリカでは水産業が公益ではなく企業的輸出ビジネスとして成立しているため、日本ほどの補助金を支出していません。日本の手厚い補助金はアンフェアなものに映ることでしょう。

しかし、日本とアメリカでは漁業の位置づけ、性格が異なります。日本では水産物は基軸的食料であり、漁業は公益的産業だから、国民全員が税金で支えてきました。漁業が単なる営利目的のビジネスに変質するなら、食料供給産業としての公益性は失われます。現行の漁業権制度、税金（補助金）による漁港や産地卸売市場の整備、燃油費への補助も認めがたいものになるでしょう。ＴＰＰによって、アメリカ側の論理を呑みこんだ場合、これまで食料安全保障という観点から行っていた国内漁業への補助ができなくなるかもしれません。そのことは、そのまま漁業の衰退を意味します。

漁業経営の基盤を安易に海外市場に求めるのではなく、まずは現在の基盤である国内市場をしっかり掘り起こすこと、国産水産物の消費拡大を進めること、その上で国内市場を補完するものとして海外市場を上手く利用していくことが重要だと思います。

企業を後押しする「髙木委員会」の論理

漁業者の多くは先祖代々海とともに生き、漁業を発展させ、時に採算を度外視して漁場や資源を管理しながら、長きにわたって水産物を私たちの食卓に届けてきました。漁業者と都市の住民は、海から得られる食料を通じて、利害を共有しながら共存してきた。それは今でも基本的に変わりません。

もし輸出が目的の漁業が成立するなら、漁業の意味はこれまでとは根本的に違ってきます。それが企業型経営になると余計にそうなります。企業の利益、つまり投資家の利益のために、そして海外に食料を供給するために海と資源を利用することは、これまで想定されていないからです。

狭い国土にたくさんの国民が生活している日本と、人口が圧倒的に少ないノルウェーや広大な農地を有するアメリカなどとでは、漁業の位置づけは異なって当たり前です。むしろ同じコンセプトで漁業をやろうと考える方が無理があります。

しかし昨今、「欧米諸国のように、構造改革と規制緩和によって企業参入を促進し、科学的資源管理を導入し、漁業外からの技術移転と資本を投入することによって輸出型産業への転換を進め、日本の漁業を再建すべし」という意見が強まり、企業経営の沿岸漁業への導入が議論されつつあります。

そうした論者は、「その結果、自給率が下がってもEPA（経済連携協定）やTPPを進めて海外から安い食料を輸入すればいい」と主張します。規制緩和と市場開放を徹底的に進めようとする新自由主義的な主張は、終始一貫しています。そこには食料自給率の維持という考え方はそもそもなく、どうすれば国際競争で勝てるか、が重要です。

その象徴が二〇〇七年、財界系シンクタンク「日本経済調査協議会」の「水産業改革高木委員会」（以下、高木委員会）がまとめた「魚食をまもる水産業の戦略的な抜本改革を急げ」という提言（以下、提言）です。新聞などでも報じられ、水産政策に対する影響も大きかったものなので、その中身を紹介します。

提言は全体として「科学的基盤の重視」や「資源ナショナリズム」を標榜しています。いずれも国民から支持を得やすいキャッチフレーズで、政治的色彩が濃いというのが特徴です。その骨子は大きく四つあり、①科学的資源管理の徹底、②生産構造の迅速な改革、③水産予算の弾力的な組み替え、④統合的流通構造の構築、となっています。

まず①について。漁業の問題は「水産資源の枯渇」にある、としています。その原因は漁業者と行政が癒着して既得権益の確保を図ってきたことにある。対案として、水産資源を漁業者から取り上げて「国民共有の財産」として国有化し、科学者の言う通りに管理しよう、というのです。

そのための手段が②です。漁業権を買い上げて資源を国有化した後で、利用権を取引する市場を作り、企業を含めて最も高値を付けたものに自由に買わせ、漁業を行わせる。そして資源学者が漁業活動を管理する、という仕組みになります。資源の利用料は国庫に納められるので、「国民共有の財産」化されるという理屈です。

しかし、この方策を進めるには、漁業権買い上げに莫大な財源が必要になります。そこで③です。漁港やその関連施設の保守などの公共事業に使われている莫大な水産予算を漁業権買い上げに振り向ければいい、というのです。

そして④です。企業が漁獲した水産物は企業が流通も行う。つまり、これまでの公共的な「卸売市場流通」（後述）を撤廃し、大企業が生産から流通まですべてをコントロールする統合的で効率的な流通構造を作っていこうと提案します。

この提言には、官から民へ、公から私へ、というトレンド、規制緩和と構造改革を民間企業を中心に進める姿勢が一貫してうかがわれます。ノルウェーなど欧米諸国のように大企業による海と資源の利用を進め、利益追求活動に組み込みたい、ということです。企業サイドの意見としては筋が通っています。

しかし、漁業研究者や漁業者団体など現場からは異論や反論が噴出しています。私も、科学的管理の導入など長所は取り入れるべきだが、まったく違う成り立ちと構造を持つノルウェー漁業をそっくり真似するのはとても無理だと考えています。

ノルウェーと日本の事情は違いすぎる

ノルウェーは、人口約515万人と国内市場が小さく、水産資源は常に過大ですから、水産資源は国民の食料ではなく、外貨を稼ぐための輸出品として位置づけられています。

資源の豊富なサバ類やタラ類などを対象とする大量生産型の企業型漁業が、輸出市場に依拠して成功しています。これを模倣すれば、企業として採算がとれる大型の漁業だけが生き残り、輸出で儲けていくスタイルになります。国民への食料供給は後回しにされ、零細な沿岸漁業はおそらく生き残れなくなるでしょう。

また、提言が主張する流通構造には、企業にとっての効率性や収益性が求められます。単品・大量生産という単純な流通が望ましく、採算性の低い、手間のかかる水産物は弾かれる。今の卸売市場流通が担っているような、不安定・不定形・多種多様な水産物を受け止め、公正に価格形成し、的確に配分するような機能はとても期待できません（この点については、後で詳述します）。

論理的におかしな点も多々あります。ノルウェー漁業と同様、大型漁船で広い漁場に分布する大型の資源を狙って操業する遠洋漁業や沖合漁業では、日本水産やマルハニチロなどの世界的な水産企業やその子会社が、現在すでに活躍しています。

こうした沖合漁業や遠洋漁業には漁業権がなく、ノルウェーと同様の許可（ライセンス）制で規制緩和の必要性がありません。資源の枯渇が問題というのであれば、本来はそこにノルウェー型漁業に倣った科学的資源管理を導入すべきなのです。

それとて、単純な模倣に意味があるとは思えません。日本の水産資源は複雑で、それを漁獲する漁業、そして受けとめる市場も複雑です。単純化された欧米型の科学的管理がすぐに正しい結果をもたらすことは期待薄で、よほど上手くアレンジすることが必要です。

しかし、提言は遠洋・沖合漁業の改革ではなく、沿岸漁業の漁業権撤廃と、そこへの企業参入だけを求めています。中でも比較的経営規模が大きな大型定置網漁業と養殖業に対象を絞り込み、参入を主張していますが、いずれも科学的な資源管理とは関係のない漁業種類です。ノルウェー型漁業との接点もないばかりか、多くは小規模で採算性が低く、企業化には馴染まないものです。

どうも髙木委員会は、遠洋・沖合漁業と沿岸漁業・養殖業との制度やコンセプト、歴史の違いが整理できていないように思えます。そのため改革の目的と理由には正当性もありますが、その具体的な実現方法は、全く科学的ではなくなっているのです。それまでの議論は一切無視して、単に企業が儲けやすい業種、比較的安定していて、ある程度大規模に経営できる業種だけを「つまみ食い」のように選んでいるようにしか見えません。

実際、多くの企業が利潤追求のためにマグロ養殖に参入を果たしていますが、その中にはこれまで水産業と無縁の企業もあります。

資源の科学的管理を重視するなら、過去の北洋漁業などの実態を科学的に検証し、企業ならではの技術力と資本力を生かして、生産性を改善することが先のはずです。

日本経済調査協議会は主に大企業で構成された民間組織で、その主張は政治家や官僚の意見でもなければ国民の意見でもなく、強いて言えば大企業の意見でした。しかし政治的な影響力の強い組織でもあり、実際に内閣府の規制改革会議は彼らの主張を受け入れ、水産業における規制緩和と企業参入を主張しています（平成二十年七月二日「中間とりまとめ―年末答申に向けての問題提起―」）。

それぞれホームページで閲覧できるので、細部は参照いただければと思いますが、このような食料政策は、漁業だけではなく国民生活に大きな影響があるので、私たちも注意しておかなくてはなりません。

例えば、東日本大震災の後、宮城県の漁業復興計画で急浮上した「水産業復興特区構想」はこうした規制緩和の流れに乗って策定されたと言われます。

東京海洋大学の濱田武士准教授の『漁業と震災』（みすず書房）では、震災の後、岩手、宮城、福島の三県がそれぞれ異なる復興の方向を選択したことが実証的に描かれています。特に宮城県は、震災前の姿に戻すという漁民を中心に据えた復興ではなく、震災を機にこれまでの漁業や漁村の形を白紙に戻し、全く新しい形の漁業を作ろうとする取り組み（「食糧基地構想」や、漁業権を民間企業に認める「水産特区構想」）を進めようとしていることに驚かされます。

長期的に見れば、世界的に食料が不足するのは確実です。国民にとっては、これまで以上に自給率向上と価格の安定が大切な時代がやってきます。

他方では、多くの企業にとってはビジネスチャンスです。供給が安定している漁業種類や養殖業は、「儲かる事業分野」になる可能性がある。これらを早めに押さえておこうというのは当然の経営戦略だと思いますが、そこでハードルになるのが漁業権なのです。

「資源の乱獲防止」、「科学的管理」、「国民共有の財産」、「輸出型産業」と聞くと私たちは「なるほど、その通りだ」と思ってしまいがちです。しかし、公共の海の利用制度を、自分たちに都合良く変えようとして政治に働きかけるのは、まっとうな経営努力と呼べるでしょうか。

3　漁協は抵抗勢力なのか

日本の漁業における漁協の役割とは

農業について語られる際に、よく耳にするのが「ＪＡ（農協）が改革の妨げとなっている」といった言説です。保守的で、改革に積極的ではないＪＡが「企業の参入」や「大規模化」を邪魔している、彼らを解体しなければ、日本農業の近代化は進まない、といったストーリーを語る人は多くいます。いわば「ＪＡ悪玉論」です。

農業についての議論は本書の扱うところではありませんが、漁協についても、同じようなイメージをお持ちの方も多いかもしれません。昔からの漁場で、既得権を持ち、旧態依然とした漁業をやっている、だから「攻め」の姿勢に転じられないのに違いない――といったところでしょう。実際に先ほど紹介した高木委員会の提言にも、そのような改革思想がベースにあるように見えます。

しかし、実際に漁協は日本の漁業のためになっていないのでしょうか。筆者はそう考えません。

漁業法第一条には、「漁業者及び漁業従事者を主体とする漁業調整機構の運用によって水面を総合的に利用し、もって漁業生産力を発展させ、あわせて漁業の民主化を図る」と書かれています。その目的は国民への食料供給の安定化です。また第三条・第四条では、漁業法が適用される海面を「公共の用に供する水面」と呼び、漁業による海面の利用が公益的なものであることを宣言しています。

要するに、誰かの勝手には使わせられないのです。都道府県知事が漁場の全体的な使い方を決め、公の立場から総合的に利用をはかることを定めているのも、海が将来世代も含めたみんなの食料を生み出すものだからです。日本はこうした考え方で、海の利用と管理を行ってきました。

他方、改革論者はそれを改め、資源管理上問題ない限り、漁業においても企業が自由に利益追求活動をできるようにすべきだと主張しています。しかし現実にそのようなやり方で、持続的な漁業が実現できるのでしょうか。

企業は株主利益のために、海を使って漁業を行います。利益が出なくなれば企業は漁業を放棄し、投資を引き上げて他の部門に振り向けます。投資家の論理では、予想以上に収益性が低いことが分かれば、その投資を回収するのが当然だからです。経営者はそうしなければ、株主への背任行為になります。

もし漁業権を撤廃した沿岸漁場に企業が利用権を購入して参入し、その後、経営方針を転換して撤退することになればどうなるでしょう。おそらく沿岸漁業者はすでに船を売り、廃業している。替わって漁業をやろうという人は地元には残っていません。結果、利用されない海面がポッカリと出現することになりそうです。

企業利益が維持されている間はいいとして、資源状態の変化や管理規制の強化などで赤字化した場合には、こうした事態も十分に起こりうるのです。

一方、漁業者は赤字だからといって、簡単に廃業し他業種に切り替えることはできません。漁獲においては優れた専門技能を持っていても、一般労働者としての能力や技術にはとぼしい。地先の海と漁業から離れて生活することは簡単ではありません。

だからこそ自分たちや子々孫々のためにも海の環境と資源を守り、きちんと管理し続ける。赤字が出ても、生活を切り詰め、細く長く漁業を続けていく。思わぬ環境変動などに遭っても、その責任はどこまでも彼ら自身が負わねばならないのです。

しかし、零細な漁業者個人では、資源の管理もその流通販売も効率的には行えません。

集団的な対応が必要です。そこで漁業協同組合という組織が、魚の販売や金融など経済的な機能を持つことで、持続性と効率性を両立させてきました。

世界が注目する漁協のシステム

日本の漁業法は、明治以降一貫して、漁業者の地域共同体組織である漁協（かつては漁業組合）に大きな役割を与えてきました。各地域における沿岸漁業の全体的な計画は知事が策定し、それにもとづいて知事が漁協に漁業権を免許します。知事は地域内の漁業を自主的に管理することを漁協に義務づけ、それを監督している。つまり、漁協は知事の指揮下で行政組織の末端として機能している構図です。

漁協は長らく沿岸漁業や海を管理し、様々な自主的管理制度がそこで育《はぐく》まれ、淘汰されてきました。その結果として、それぞれは地域的であっても持続的な資源管理が全国的に実現されてきたのです。実は、こうした自主的な資源管理制度は現在、世界中から注目を集めています。そのことを日本人の多くは知りません。

例えば、大分県の姫島漁協における「漁業期節」があります。漁業期節とは、姫島漁協に所属する漁業者が自ら定めた分厚い漁業規則集のことで、毎年、修正作業（期節定め）を行いながら、明治時代から連綿と引き継がれてきました。県や国が科学的に定めた規制よりもはるかに厳しく、きめ細かな内容となっており、違反者には厳しく対処する。この事例はＯＥＣＤ（経済協力開発機構）報告でも、高く評価されています。

地元で行われている多種多様な漁業種類の管理、数十種類もの多様な魚種の資源管理と価格維持など、複雑多岐にわたる利害関係を調整しながら、全体として経営を維持することは非常に難しく、その結果には責任も求められます。結果に対して責任をとらない役人や科学者が、その役割を代行することはとても無理でしょう。

自分たちの漁業現場の実態を知る漁業者が、自ら納得のいくまで議論して作成するからこそ、そのような実効性の高い規制がつくられる。その結果、姫島の豊かな漁場と漁村が維持されてきました。

筆者は企業が漁業に参入することを一概に否定はしません。しかし、このような日本独特の漁業形態に企業が参入するのであれば、赤字が出ても安易に退出しないことを制度的に担保しなければなりません。参入と脱退が繰り返されるような不安定な漁業は、国民にとっても好ましくないからです。

「海洋行政」をめぐる大きな揺さぶり

ここまで述べてきた規制緩和の動きは、「漁業者」への「企業」からの揺さぶりと考えられます。漁業から得られる利益の奪い合いと考えられなくもないでしょう。

しかし、さらに大きな動きが胎動しています。「水産的利用」への「海洋的利用」からの揺さぶりです。海面利用の主導権をめぐり、経済産業省、国土交通省、防衛省などの有力省庁が、農林水産省という非力な省庁に対して対抗関係を強めているのです。

二〇〇七年に「海洋基本法」が制定され、内閣官房に「総合海洋政策本部」が設置されました。この前身は「海洋開発関係省庁連絡会議」及び「大陸棚調査・海洋資源等に関する関係省庁連絡会議」で、いずれも食料生産をつかさどる農水省が主導する組織ではありません。

海洋基本法が発布された際、メディアはこぞって賞賛しました。「日本は海洋国家であり、海洋立国を目指す。その目的に沿って海洋を最大限に活用するため、それを総合的に管理していく」という法律の理念自体は間違っていません。国境問題が先鋭化しつつある中、ナショナリズムに訴えかける内容は大いに共感を呼ぶものがありました。

しかし「海洋の総合的な管理」という考え方は、漁業にとっては死活問題です。これまで海の利用は漁業、つまり食料生産活動を最優先してきた。その根拠が漁業法でしたが、海洋基本法はこれに対抗するものです。

漁業も海の利用の一部として扱われ、埋め立てによる産業振興や市民によるレジャー利用と同等のものとして調整されていくおそれがあります。海の利用も多元的に考えざるを得ない時代なのでしょうが、食料生産を軽視する風潮には注意が必要です。

改革論者は漁業の規制緩和を主張し、海洋基本法は、さらに海の利用すべてにおける規制緩和を進めようとしています。その根底にあるのは、経済的利益の最大化です。しかし、それが国民への食料供給や水産物の輸出である必要はありません。より儲かるなら、その利用方法を漁業から産業開発に移動させても、何ら不思議はないでしょう。

今、海の利用のあり方をめぐる議論はだいぶ混乱しています。国民一人一人があらためて日本の海の意義とその使い方について考える必要がありそうです。

4　養殖は救世主たりうるか

魚類養殖に過剰な期待が高まっている

ここまで食料安全保障の観点から、漁業、漁場を守る必要性を説いてきました。読者の中には、「養殖技術は進んでいるはずだから、どんどん養殖で魚を育てればいいんじゃないの？　確か近畿大学ではクロマグロまで養殖しているって話じゃないか」と思われる方もいらっしゃるかもしれません。

確かに、養殖の技術は進化しています。が、残念ながら養殖に全てを託すことはできないというのが筆者の見立てです。

大学で水産学を教えていると、新入生の多くが魚類養殖に大きな夢を抱き、養殖を学ぼうとしていると感じます。その数は年々増え、養殖ブームとも言えそうです。最近はクロマグロの養殖拡大に向けた威勢のいい意見が発信され、天然資源がレッドリスト入りしたウナギについても、完全養殖に向けた取り組みが大きな注目を集めています。

図19　世界の漁業と養殖業の生産量推移

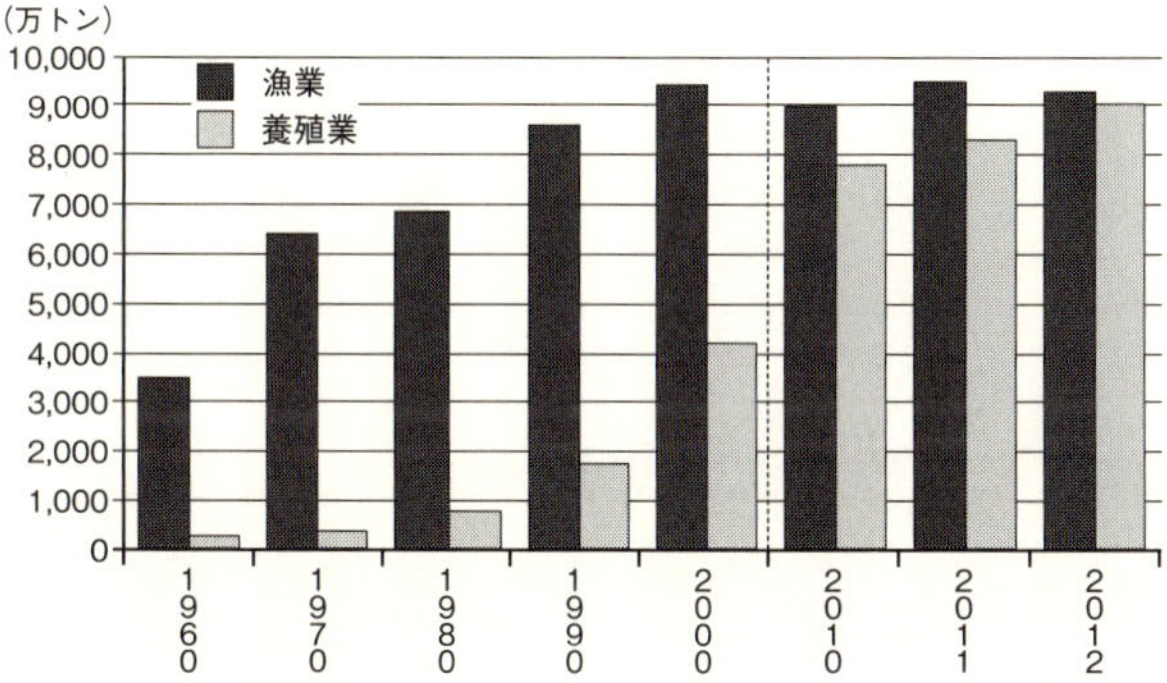

資料：FAO「FishStat」より作成

養殖業は水産業の大きな柱であることは間違いありません。国際社会においてもＦＡＯ（国際連合食糧農業機関）などから、今後の世界の食料問題の有力な解決策として期待されています。**図19**に示すように、世界の漁業生産は一九九〇年代から頭打ちですが、養殖生産はいまだに右肩上がりで、この傾向が続けば、すぐにも漁業を追い越して水産物供給の大黒柱となりそうにも思えます。しかし、現実はそう甘くはありません。

まず、世界の養殖生産のうち六割強が中国一国によるもので、その大部分はコイなどの淡水魚とコンブなどの藻類、カキなどの二枚貝で占められます。このうち藻類の大部分は食品添加物などの原料として利用され、カキなどの二枚貝やコイなど淡水魚の多くが中国国内で消費されます。つまり、世界全体の水産物市場に直接影響を与えるものではないのです。

中国を除いて考えれば、養殖生産はまだ世界の漁業生産の三分の一。成長しつつあるのは事実ですが、すぐに漁業を超えるような状況にはないのが事実です。

また多くの魚類養殖では餌料を与える必要があり、そのうちかなりの割合を魚粉が占めています。コイのように餌を与えずに養殖できる魚もありますが、それはごく少数です。1キロ太らせるのに必要な餌の量を元の魚に置き換えるとブリ類では7キロ、クロマグロでは11キロ程度と、かなり効率が悪いのです。

そのままでは人間の食用とはならない魚を餌の原料にしているので、決して資源の無駄遣いではないにしても、漁業が漁獲した天然魚を餌とするかぎり、養殖生産が漁業生産を超えることはあり得ません。

養殖が拡大すると、餌となる魚が不足し、価格も上昇します。一般的な魚類養殖のコストは餌料が六割以上を占め、収益性は餌の価格に大きく左右されます。養殖は餌となる魚の資源問題や生産の限界、その価格上昇から逃れられず、養殖だけが発展することなどありません。養殖が先進的で未来があり、漁業は後進的で先がないというような単純な二元論は現実的ではありません。

養殖経営が陥らざるを得ない価格ジレンマ

日本人がよく食べる養殖魚は、ブリ、カンパチ、マダイ、ヒラメ、ウナギなどです。いずれも伝統的な高級魚で、美味しい魚の代表格でもあります。近年はさらに高級感のあるクロマグロも養殖され始めました。

日本の養殖業はこれまで常に高級魚の生産を志向して発展してきました。養殖にかかるコストはどの魚を育てるにしてもそう変わらないので、高く売れる魚を養殖した方が儲かります。そこで価格の高い魚が対象に選ばれ、養殖されてきたのです。

しかし、そこに落とし穴があります。**図20**は漁家経営（個人経営体のみ。会社法に基づき設立された株式会社、合名会社、合資会社、合同会社および共同経営体は除く）によるブリ類養殖とマダイ養殖の平均的な経営状況（養殖収入から養殖支出を差し引いたもの）を示しています。

ブリ類では二〇〇三年から二〇一二年の一〇年間のうち五回が赤字、特に二〇〇八年は1000万円を超える赤字となっています。同じくマダイでも五回、いずれもかなり大きな赤字です。一〇年間の平均ではブリ類が26万円の黒字、マダイでは34万円の黒字

図 20　ブリ類養殖とマダイ養殖の収支状況推移

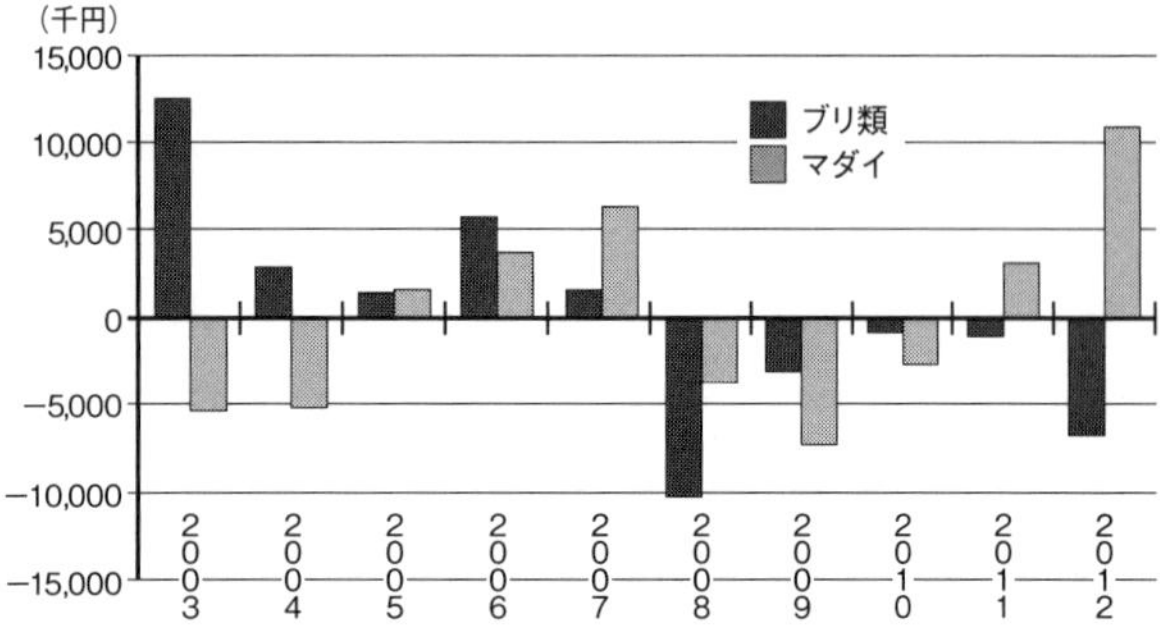

資料：農林水産省「漁業経営調査」より作成。養殖収入から養殖支出を差し引いたもの

図 21　養殖ブリ類と養殖マダイの実質価格推移

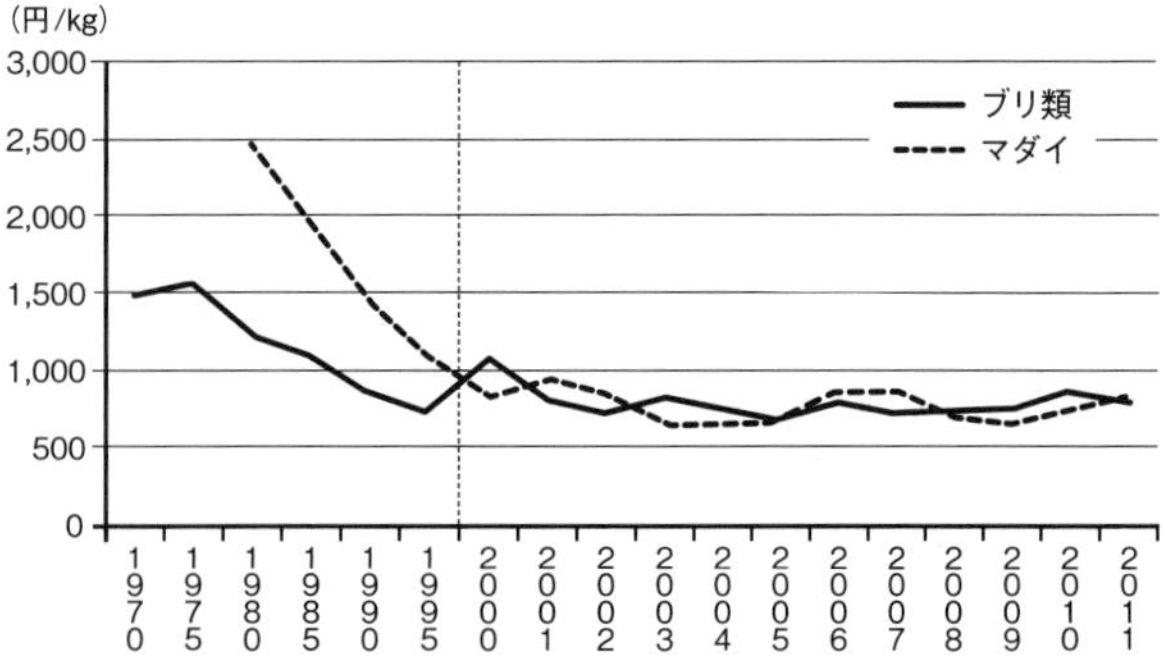

資料：農林水産省「漁業・養殖業生産統計」「漁業生産額」より作成。ただし2010年度を100とする消費者物価指数（食品）でデフレート済みの実質価格を示した
注：マダイについては1980年以降のデータのみ

になりますが、その水準はかなり低いものです。

個人経営体が営む魚類養殖は、親兄弟など一つの家族が中心となって4～5人で営まれています。平均すると生け簀《いす》を10～20台程度使い、作業船は2隻程度保有していることが多い。作業船は主として海上での餌やり作業に使うので、専用の給餌用機械類を搭載しなければなりません。

また台風や赤潮の時などは生け簀を安全な場所まで引っ張って動かしたりすることもあり、船体もエンジンもかなり大型のものとなります。生け簀はそれほど値の張るものではありませんが、作業船は1隻新造するとおよそ4000万円はかかる。次の作業船買い換えに備えて相当の貯蓄も必要なのですが、とてもそのような余裕はないでしょう。

もちろん、養殖収入以外にも兼業による副収入があったりするので、実際には経営はそこまで厳しくないのかもしれません。抽出サンプルの平均値ですから、すべての経営体が同じ状況というわけでもありません。しかしそれを考慮しても、かなり厳しい状況にあることが推測できるでしょう。

現在の養殖はとても安定的に利益を生み出せる産業ではありません。現実に、廃業も相次いでいます。では、なぜこうなるのか。それは、養殖の対象となる「価格が高い」

はずの高級魚が、養殖が発展すればするほど「価格が安い」大衆魚になるからです。養殖魚がずっと高級魚のままなら、回転寿司では食べられません。

今では養殖ハマチは700〜900円程度（キロ当たり）で養殖業者から買われていきます。三〇年ほど前は、同程度のものが1500円（食品に関する卸売物価指数で調整した実質価格）ほどの高値で買われていました。クロマグロもそうですが、どの魚でも、養殖が始まった時点では価格が高く、非常に儲かります。養殖は儲かる、というイメージはこの時期からくるのでしょう。

利益が大きい養殖には新規参入者が増え、全体の生産量はどんどん拡大していきます。並行して養殖技術が向上し、生産効率もさらに高まっていく。他方、それを販売する国内市場の規模は限定されているので、やがて飽和状態になり、供給量が需要量を超えるようになると値崩れを起こします。

図21に示したように、ブリ類もマダイも当初の高級魚としての価格から、今では大衆魚の価格まで大きく下がってしまったことが明らかです。この図は物価指数で調整済みの実質価格を示し、インフレやデフレなど全体的な物価動向の影響は排除してあります。

一九九〇年代後半にはもはやこれ以上下げられない価格に張り付き、その水準のまま現在まで推移しています。他の養殖魚も、みな同じ道をたどってきました。ブリ類に関しては二〇一四年には需給バランスが好転したために価格はやや上昇しましたが、それも一時的なものだと思われます。

水産庁もこの状況を問題視し、価格暴落を防ぐために生産目標数量（二〇一四年度からブリとカンパチを合わせて14万トン）を設定しました。しかしその実現手法はあいまいで、実効性ある制度として運用されるかどうかは疑問です。

価格の下落はたちまち養殖経営を困窮化させます。経営を改善するためには、再び価格を上げるか、生産量を増やすかしかありません。しかし、経営体の努力で価格が上がるケースはほとんどない。いったん下がった価格が消費者には値頃感として定着しているので、価格を上げると、とたんに売れなくなってしまいます。

生き残るには生産量を増やすしかないのですが、全ての経営体が同じような発想で生産量を増やすとどうなるでしょう。過剰供給は止まらず、価格はさらに下落してしまう。近年の養殖業界は、こうした悪循環に陥っているのです。

市場が成熟した場合、普通の工業製品ならば、新しい製品を売り出すことで常に製品の新陳代謝が繰り返されます。それができなくても、製造技術の効率化などによるコスト引き下げ、海外市場の開拓、事業分野の多角化などで経営存続を図ります。

しかし、養殖業においてそうした対応はどれも容易ではありません。海外市場の開拓は大きな可能性がありますが、直ちに急拡大する状況ではない。逃げ道を見つけることができなければ、どこかで産業規模を縮小することが必要です。経営体の整理と淘汰によって、生産量を適正な水準まで引き下げるということです。

しかし、廃業したくても事業を清算できず、追加融資でさらに負債を膨らませながら、採算ギリギリで経営を維持しているところも少なくない。資金繰りに余裕がなくなるほど安値での叩き売りが横行し、「貧すれば鈍する」という状況なのです。

養殖魚の大手ユーザーであるスーパーや回転寿司は、養殖魚の仕入れ価格が下がるとそのぶん儲けが増えます。安くたくさん売ることで客も集めやすいでしょう。

それは消費者にとってもありがたいことで、これだけたくさん出回っているのだから養殖業も儲かっているだろう、と考えがちです。しかしその背後にはこうした厳しい状況があります。今は何とか持ちこたえて国民への供給責任を果たしていますが、このままでは近い将来、養殖産地の多くが崩壊してしまうかもしれません。

魚があまりに安いというのは、長い目で見れば考えものなのです。

育成技術が進み、生産拡大とともに価格が下がり、大衆化する。それは養殖魚の宿命です。大衆化した養殖魚には天然魚にはない安定性、計画性、規格性があり、大量供給ができる。安く、大量に、低コストで、というニーズにピタリとはまります。

養殖という技術は、そもそも天然水産物に欠けている規格性や安定性など工業製品的な特徴を水産物に付け加えるために発展した技術体系です。その結果、高級水産物としての希少性や価値を失う代わり、みんなから愛される大衆性を勝ちとってきたとも言えます。

今や、日本の水産物市場は養殖魚なしでは成り立ちません。養殖ブリや養殖マダイは安定的、持続的に食べ続けられる国民的商品になりました。消費者にはこれらの「大衆魚」が必要ですが、養殖業は多くの矛盾をはらんだ産業であり、経営は綱渡りです。

では、どこかに活路はあるのか。企業参入という提言に可能性はあるのか、以下に検証していきます。

養殖への企業参入は市場をかく乱してしまう

日本の養殖業は零細な個人経営体が圧倒的ですが、ノルウェーやチリのサーモン養殖は巨大な多国籍企業で、それらが世界市場を寡占化しつつあります。企業や産業のスケールがまるで違います。

ならば日本の養殖業にも企業参入を、というのも一理ある意見です。ここでいう「企業」とは経営と資本が分離した、いわゆる大企業のことを指しています。大衆化、つまり低価格化を克服するために、大企業が大規模化による大量生産・大量販売を目指すことは間違いではないでしょう。

例えば、日本を代表する水産企業である日本水産は、宮崎県串間市に黒瀬水産という子会社を設立し、地元漁協の組合員になって「特定区画漁業権」を行使する資格を得た上でブリ養殖業を営んでいます。日本で最も大きなブリ養殖企業です。

同様に、マルハニチロも鹿児島県では奄美養魚や桜島養魚、大分県ではアクアファームといった子会社を設立し、漁協組合員となって養殖業に参入しています。地元からの雇用も多く、地場産業としてそれなりに根付いていると思われます。

しかしこうした組合員としての漁場利用は、他の零細な個人経営体と同様の制約を受けることになります。特定区画漁業権は一般に漁協にしか免許されず、その組合員のみが権利の行使を認められる。その対象となる漁場は漁協が管理し、使い方について漁業権行使規則というルールを定めています。これに基づいて組合員全員が集団的に利用することになります。

大企業であっても漁協の一組合員となり、零細な個人経営体と対等な立場で、同じルールに基づいて養殖を営まなければならないのです。つまり思い通りの規模拡大や自由な漁場の選択ができません。企業はそのことを窮屈に感じ、不満を持ちがちですが、それは漁業者も同じです。現行制度が企業の参入をむやみに排除しているわけではないのです。

養殖の対象となる沿岸漁場は、封建時代から漁村集落にその利用権が与えられてきました。農村や農業者にとっての田畑と同じように、漁村と漁業者は沿岸漁場と一体化して長らく生活を営んできた。農業者から田畑を奪うことができないように、本来の権利者である漁業者（養殖では個人経営体である養殖業者）集団の漁協が、個人経営体を中心に据えて漁場を管理するのはむしろ当たり前のことと言えるでしょう。

養殖に限らず、狭い沿岸域では漁業者を優先し、空いた漁場や、より技術や資本が必要な広い沖合域には漁業権を認めず、企業が中心的に使用するという今の漁場利用制度は、全体としてみれば合理的です。

養殖業には経験や知識が重要です。企業が資本力を生かして大々的に養殖業に参入しても、長い経験にもとづく技能や正しい判断力、周辺業者や地元住民との協力関係などが不可欠です。短期的な儲けを目的として新規参入した場合、長期的な経営展望を欠いた、場当たり的で不安定な養殖にもつながりかねません。

例えば二〇〇三年、大分県と高知県でハマチ養殖に参入したM社の事例が象徴的です。M社は海外に本社を置く世界最大のサーモン養殖企業の日本法人で、外資系企業として初めて日本の養殖業に参入しました。

地元漁協が異例の参入を受け入れたのは、元気がなくなってきた地域の養殖業を活性化させるだろうと期待したからです。そこで、地元養殖業者との競合や市場の混乱を避けるために生産物はすべて輸出すること、地元に輸出用の養殖魚加工工場を建設し雇用機会を創出すること、を条件に参入を認めたのでした。

しかし、参入から五年間一度も黒字を計上できず、そのうちに海外の株主が騒ぎ出し、二〇〇八年に突如撤退。近隣の零細な個人経営体が同じ条件の下でなんとか経営を維持しているのとは対照的でした。またこの間、一度も海外市場に輸出せず、すべて国内市場に販売して相場を下落させたことで近隣の養殖業者から不評を買いました。加工工場も建設せず、約束は何も守られなかったのに、誰も責任をとりませんでした。

私はこの企業の海上での餌やり作業に立ち会ったことがありますが、ハマチ養殖の経験のない外国人が現場を仕切り、サーモン養殖の技術をそのまま持ち込んでいた。しかし、ハマチには合わなかったようでサイズのばらつきが大きく、輸出市場で求められる大型の魚は育成できなかった。そのため結局国内市場に安値で販売されたといいます。

ある大手スーパーはこのハマチを直接取引で仕入れ、「最先端の養殖技術を導入した環境と共存する持続可能な養殖産業。百年後も変わらず、この漁場で養殖を続けていく。この信念のもとで取り組んでいます」と謳《うた》って販売していました。しかし、結果は五年で撤退です。安値販売を追求するスーパー側に買い叩かれて採算が合わなかったという説もありますが、どちらにしてもお粗末なことです。

この事例が全てではありません。安定的な経営を続けている企業型養殖業も少なからず存在します。

また零細な個人経営体も問題を抱えています。そもそもが零細で生産性が低く、コスト高になりがちです。必ず大衆化する以上、個人経営体も漁協も知恵を絞って生産性を向上させる工夫をしなくてはなりません。その際に、企業との協力関係を生かすことも考えられていいでしょう。

漁協は個人経営体と同様に、企業からも漁業権行使料（養殖を営む際に支払う漁場の使用料）や販売手数料（水揚げされた魚を販売する際の手数料）などを徴収していることが多い。企業からは高すぎると批判されています。私はこの批判は当たらないと思いますが、漁業権を管理する組織としてきちんと漁場環境を守ってきたかと言われれば、いささか心許《こころもと》ないところがあります。このあたりは大いに改善の余地がありそうです。

養殖業に新しい技術を取り入れ、サーモン養殖のように生産性を高めていくには、企業が自由に活動できる漁場利用制度への改革が必要なのかもしれません。しかし、それが養殖の未来や持続性、地域経済の発展を確実に保証するものでもありません。

ノルウェーサーモンの模倣ができない理由

現在、改革論者の多くがノルウェーのサーモン養殖を理想として掲げています。筆者もノルウェーとチリでサーモン養殖の実態を調査してきましたが、確かに養殖業としての完成度は非常に高いものです。

図22は生産量と従事者一人当たりの生産量を示しています。生産量の一貫した伸びは

図22　ノルウェーのサーモン養殖生産量と従事者1人当たり生産量の推移

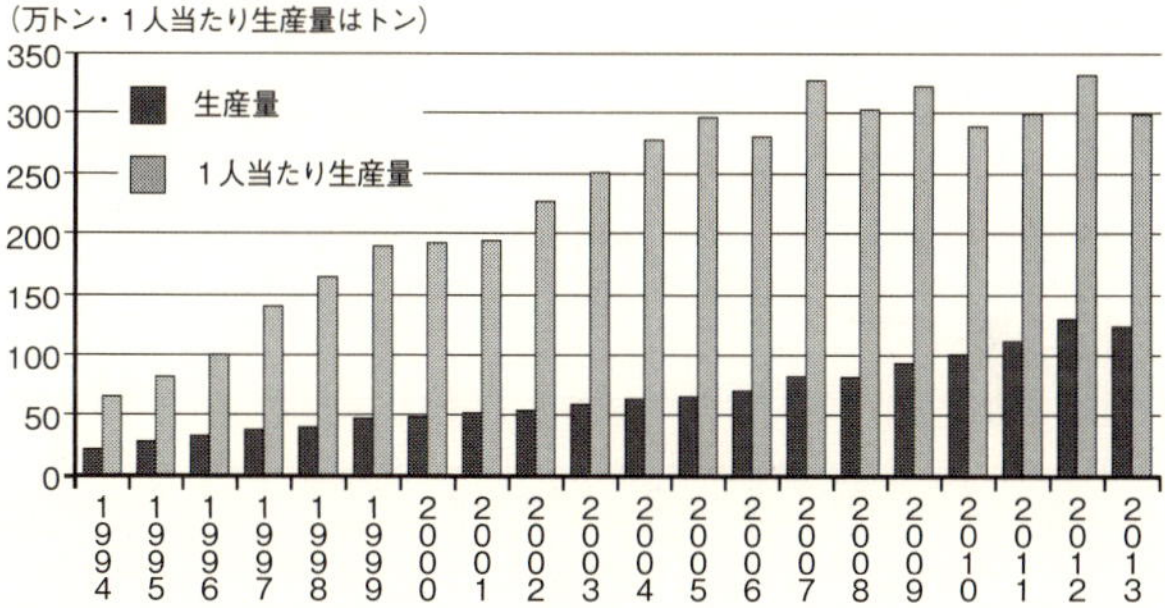

資料：ノルウェー漁業庁HP、「Statistics」、「Norwegian aquaculture」よりデータを引用の上作成

もちろん、一九九〇年代から二〇〇〇年代半ばにかけての生産性の向上はすさまじいものがあります。一人当たり生産量は今では300トン程度。日本のブリ類養殖業の一人当たり生産量が50トンにも満たないことを考えると、きわめて高い生産性を誇っていると言えます。

ノルウェーの養殖業界では、一九九二年に規制緩和が劇的に進められました。それ以前は地域の零細漁業者だけに限定され、経営規模の拡大も厳しく規制されていました。現在の日本よりも厳しい参入規制がありました。

しかし、規制緩和によって投資目的の資本が養殖産業に流入。合併や買収が急激に進められ、競争が激化するとともに技術革新も大いに進みます。

短期間のうちにサーモン養殖業は寡占化され、

図23　ノルウェーのサーモン養殖生産量における上位10社が全生産量に占める割合

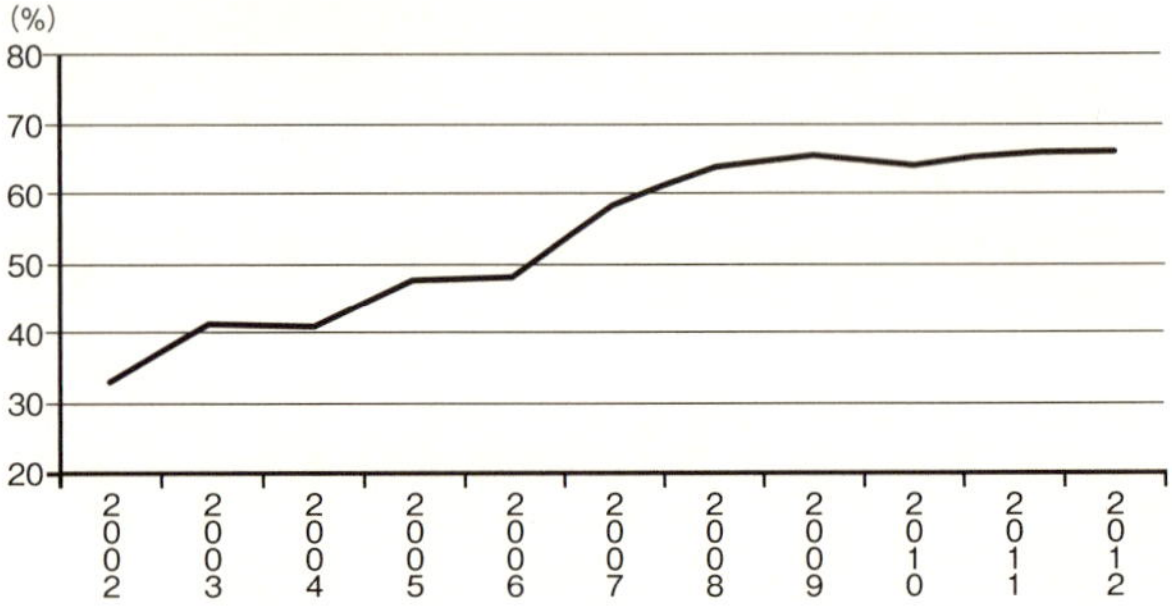

資料：ノルウェー漁業庁HP、「Statistics」、「Aquacultural booklets」よりデータを引用の上作成

資本力と技術力のある大手企業だけが生き残るシンプルな構造となったのです。**図23**は大手養殖企業一〇社が全体の生産量に占める割合を示したものです。二〇一二年には66％にも達し、大手企業が支配する構造が明確になっています。

こうした構造改革は先述したような生産性の向上とコストダウンをもたらしました。低コストで安価な商品を大量に生産し、巨大な世界市場で販売するというグローバルで壮大な「大衆魚」戦略が徹底して追求され、成功した。今や養殖サーモンは日本のみならず世界中どこでも最も親しまれる魚となりました。

日本の養殖も、良い部分はどんどん真似したらいいでしょう。しかし、模倣しにくい面もあります。ノルウェーのサーモン養殖はコストを引き下げるためになるべく現場の従事者数を減らし、人件費を圧縮しています。従事者の生活よりも株主の利益が優先される経営ですが、失職者には手厚い福祉が与えられる制度を持つため大きな問題にはなっていません。日本では考えられないことです。

またノルウェーは水力発電でほぼ全ての電力を賄っており、電気代が非常に安いのが特徴です。賃金水準は日本よりも高いので、なるべく機械化された養殖システムが開発導入され、給餌もほぼ自動化されています。養殖場は無人の工場のようで、モニターを見ながらコンピューターでシステム制御するのが従事者の仕事です。

資本もオープンで、海外の投資家がノルウェーの養殖企業を所有しているケースもある。利益追求産業としては洗練されていますが、地域産業、食料供給産業としては意味を失っているともいえます。日本でこのような養殖ができるものでしょうか。

筆者も、今のままで日本の養殖業が維持できるとは思いません。何らかの改革は必要です。しかし、日本とノルウェーの養殖業はまったく異なる歴史と背景があり、先に紹介した失敗例のように、安易な模倣は取り返しのつかないことになりかねない。参考にしながらも、日本独自の養殖のあり方を考えなくてはならないのです。しかし、これはとても難しい問題です。

実はノルウェーでさえも、サーモン養殖の発展は地域経済にはプラスの効果をもたらさないという評価と反省があるようです。これからも漁業者か、これからは企業か、という二者択一の単純な議論で答えが見つかるとは思えませんし、両方の長所を組み合わせたような、新しい養殖経営組織を構想する時期なのかもしれません。

日本の養殖業はどう改革するべきか

もともと日本の養殖は、鮮度の良い美味しい刺身用の魚を国民に向けて安定的に生産し、それによって零細な沿岸漁業者の生活を支えるという二つの側面を持っていました。しかし養殖魚の大衆化、養殖業経営の悪化は養殖業者だけの問題でも、当然彼らだけの責任でもありません。その恩恵に与る消費者や、養殖業を指導してきた行政を含めた社会全体で考えなければならない大きな問題です。

今の品質のままで価格を上げるためには、生産量を減らすか、消費量を伸ばすことが求められます。しかし、生産性を維持したまま生産量を減らすには、養殖業者の数を減らさなくてはなりません。それでは本末転倒です。養殖業者の数を維持したまま生産量だけ減らすと、今度は生産性が下がってコストが上昇してしまいます。

では消費量を増やすことは可能でしょうか。国内市場は既に飽和状態にあり、消費量を今以上に拡大していくことは難しい。そこで海外市場開拓への期待が高まっています。輸出量が増えれば国内での販売量が減少し、国内の価格上昇も期待できますが、海外市場のみを狙った輸出産業化は、すでに述べたように、国内市場からそっぽを向かれる可能性があります。あくまで国内市場に向けた生産を中心に考え、それを維持するために輸出を拡大していく、という考え方が大切でしょう。

一方、需給バランスに働きかけること以外にも経営改善策が二つ考えられます。一つは低い価格を受け入れ、その価格で売っても採算が取れるような低コスト・大規模生産体制を作ることです。それをやりきったのがサーモン養殖でしょう。そのためには大きな資本力と自由な漁場利用制度が必須になりますが、外から企業を受け入れる方法には副作用が多いことが問題です。

大規模化しても副作用が少ないやり方が実はあります。漁協自体が企業のような資本力や経営能力を身につけ、零細な養殖漁家をまとめて一つの経営体となることです。

例えば、鹿児島県長島町にある東町漁協はブリ養殖では国内最大で、生産量約1万トン、日本の養殖ブリの約一割を生産しています。ここではブリ養殖を営む約一四〇名の組合員全員から養殖ブリを買い上げ、うち一割程度を輸出しています。最先端の加工工場を備え、衛生面でも世界最高水準の厳しい認証を受け、フィレなどに加工して米国やEU、ロシアなどに輸出してきました。養殖ブリ輸出のパイオニアとして、今でも世界中の市場開拓を独自に行っています。

養殖生産の方法も全員で規格化し、種苗も餌もすべて漁協が一括して配給する。規模が大きくなることでコストダウンが図れます。漁協を一つの企業としてみれば、日本最大の養殖経営体と言えるでしょう。また特定区画漁業権の権利者ですから、各漁業者が利用する漁場の全体的な調整や環境管理も漁協の判断で行えます。

さらに収益性を高めるため、二〇一四年には付加価値の高い惣菜生産まで行える加工工場を新たに建設しました。養殖から加工まで取り込むことで経営維持を図っているのです。

また、既存の養殖業者の中からリーダー的な経営体が生まれ、そこが地域のまとめ役となってグループを形成し、企業的に行動することも考えられます。

例えば、熊本県天草市で養殖ブリの加工と輸出を行うブリミーという会社は東町漁協と同様に、生産方法の規格化や種苗、餌料の一元管理体制によって生産規模を拡大しながら、国内市場と海外市場をうまく使い分けることで持続的な養殖を実現しています。漁協や有力な業者が企業並みに経営能力を高めていくことで、日本にしかあり得ない持続的な養殖スタイルが漁村の中から生まれる可能性があるということです。

もう一つは、品質にこだわり高い価格でも売れる差別的な商品を生産することです。零細な経営体ではこの道のほうが持続性があり、有効かもしれません。

例えば鹿児島県にある福山養殖では、完全無投薬・有機養殖を行っています。質の高い国産餌料しか与えず、稚魚から一切薬を与えずに育てるこの養殖ブリを、同社は「さつま黒酢ぶり」と称して販売しています。

同社のホームページでは、養殖ブリと天然ブリを比較した上で、養殖のメリットをいくつか挙げています。「履歴がわかる（誰がどこでどのように育てたかわかる）」「店頭に並ぶ時間などを逆算して、水揚げするので鮮度が抜群に良い」「活〆などの鮮度保持技術を使うので、鮮度が良く安全性も高い」といったアピールポイントは、現代の多くの消費者に訴えるところが大きいでしょう。

また、同社は「与える餌の種類・成分を変えることにより、お客様の好みに応じたブリなどの魚を育てることが出来る」ため、国内向けと輸出向けで魚を造り分けているそうです。このようにして育てた「さつま黒酢ぶり」は、こだわりの強い一部の生協や米国の有機食品市場で高い評価を受けています。食べ比べてみると確かに違います。臭みが少なく、脂が強い割にはサッパリした口当たりなので、いくらでも食べられそうです。

もちろん、こうした取り組みを行うには、高い技術力や恵まれた養殖環境が必要です。すべての経営体がやれることではないのが現実です。

しかし、福山養殖は養殖業者の三代目が営む、従業員6名の零細業者です。それでも技術力や知恵で、大企業が真似できない高い商品力を持つブリをつくりだしているのです。

これらの例からもわかるように、外部からの企業参入によって大々的なビジネス化を進めることだけが、養殖を発展させる近道だとは言えません。

その意味で、これまでの体系を根底から変えるような改革を急ぐ必要はないと思います。やはり、養殖に生き甲斐を感じ、漁村地域の担い手として粘り強く取り組む漁業者や漁協が中心となって、日本の養殖業を支えていくことが期待されます。収益性は企業だけではなく零細な養殖業者にとっても大切ですが、持続性と公益性も同じように大切なのです。

5　複雑すぎる流通には理由がある

工業化社会と生鮮水産物の矛盾

あるスーパーのバイヤーにこう言われたことがあります。

「普通は大量に仕入れたら、割安で買えるのが当たり前です。でも、卸売市場で鮮魚を大量に買おうとすると価格は逆に高くなる。水産業界は常識が通じない、もっと流通を近代化しないとダメだ」

もっともな意見のようにも聞こえます。しかし、こうした感覚は、価格が決まっている工業製品において、商品が余っている、あるいはいくらでも追加して仕入れたり、生産できたりするという状況を前提にしています。

工業生産物では同じものを大量に扱えば、それだけ取引コストを下げることができます。売る側に立てば、一個ずつ一万回の取引で売るよりも、一回の取引で一万個売ることができれば、一個当たりを販売するためのコストはかなり抑えられる。取引一回当たりの利益額も増え、楽にたくさん売れて儲けも出るのですから、その分オマケもできます。次の取引にもつながるでしょう。いわゆる「規模の経済」で、これをうまく生かすために大規模化し、メーカーから大量に仕入れることで安売りを行ってきたのがスーパーです。

しかし、水産物ではそうはいきません。生鮮水産物は原則的にその日に漁獲されたそこにあるだけの魚を、欲しい人が競い合いながら買います。全員が欲しいだけ買えるような商品ではありません。数量が限られた自然の産物を、競争しながら大量に買おうとすると、価格が上がることがあるのは当然です。

もちろん、時期によって大漁が続けば価格は下落します。その結果、大衆商品となって大量に消費されることはあります。秋のサンマがその代表例でしょう。しかし一方で、一時期のマイワシのように不漁続きだと価格は高騰し、高級品となります。

やはり水産物は供給量や価格を人間がコントロールできないものだ、ということを前提としておかなければなりません。つまり、バイヤー氏が言うような近代化云々の問題ではなく、供給特性の違いなのです。

卸売市場システムは「近代の傑作」

そもそも、水産物の流通はそんなに前近代的なものなのでしょうか。たしかに長い歴史を持っているのは事実ですが、少なくとも非合理的なものではない、というのが筆者の考えです。それについて説明してみましょう。

生鮮水産物の流通経路とその機能は、消費者にはほとんど知られていません。非常に専門的で、水産業界の関係者でさえあまり知らないのが現実です。少々複雑で分かりにくいかもしれませんが、一般的な流通経路を説明すると、以下のようになります。

まず漁業者が漁獲物を漁港に水揚げします。それを漁協が受け取り、漁港内にある荷《に》捌《さば》き所で競売（セリか入札）を行います。競り合うのは「買受人」と呼ばれる業者たちで、干物や缶詰などの原料を仕入れる加工業者、地元の消費者に販売する小売店、他に転売する「仲買人」などがいます。セリでは他の業者よりも高い価格を提示しないと欲しいものが買えないので、彼らの競争はシビアです。

漁業者はセリで売ったお金をもらい、そのうち5％程度を手数料として漁協に支払います。これが漁協の主たる収入源で、水産物が高く売れれば売れるほど漁業者は喜び、同時に漁協の収入も増えます。そこで漁協の職員であるセリ人は、買受人をあおり立て、価格を上げようと努力することになります。

セリを介して、生鮮水産物は商品特性に応じて買受人に買われていきます。加工原料になる魚は加工業者に、地元ニーズの強い魚は地元の零細な仲買人や小売業者にそれぞれ買われていく。ここまでが「産地卸売市場」になります。

さて転売目的で水産物を購入した仲買人のうち、消費地に水産物を出荷していく業者を特に「出荷業者」と呼びます。出荷業者はセリで落札した水産物を「目利き」し、それが一番高く売れそうな全国の「消費地卸売市場」へと出荷します。彼らは全国各地の消費地卸売市場における相場情報を常時収集し、その魚をどの市場に出荷すれば一番高く売れそうか、を的確に判断します。

出荷された魚を消費地卸売市場で受け取るのが「荷受」（卸売会社）です。荷受は全国の出荷業者から、消費地で食べられる大量かつ多種多様な水産物を毎日集めています。例えば築地市場は、東京都民のために魚を集める国内最大の消費地卸売市場です。

そこで二回目の競売が行われます。出荷業者はセリで決まった売上金額を手に入れますが、そのうち5～7％程度を、セリの手数料として荷受に支払います。漁協と同じように、水産物が高く売れれば売れるほど荷受の収入も増えるのです。

出荷業者と荷受、そして漁業者は、魚が高く売れれば収入が増える、という点で利害が一致しています。消費地の荷受は、産地の出荷業者と漁業者のために消費地での販売を代行していると考えてよいでしょう。

消費地卸売市場での競売に参加する業者の多くは「仲卸」と呼ばれる業種です。仲卸は卸売市場内に小さな店舗を構え、競り落とした水産物をそこで販売します。一般人がそこで買うことは禁じられていて、許可を与えられた「買出人」（小売業者や寿司屋などの飲食店）だけが、仲卸の店舗で水産物を買うことができます。

仲卸が商品を手に入れるには、競売で一番高い価格を提示しなくてはなりません。一方、買出人は複数の仲卸店舗を見比べて、より値ごろな商品を買う。同じ品質なら、ライバルの仲卸より安くしないと売れません。仲卸は二重の競争にさらされているので、右から左に魚を転売しているだけでは、利幅は薄くならざるを得ません。

買出人の多くは小売店です。彼らは仲卸の店舗でその日に自分の店で売りたい水産物を買い集め、店に持ち帰り、お客さんに提供します。小売店は北海道から沖縄、はては海外に至るまでの多種多様な水産物を、消費地卸売市場に行くだけで短時間で一挙に、しかも自分の目で確かめて買い集めることができるのです。

図24　伝統的な生鮮水産物の消費者までの流通経路

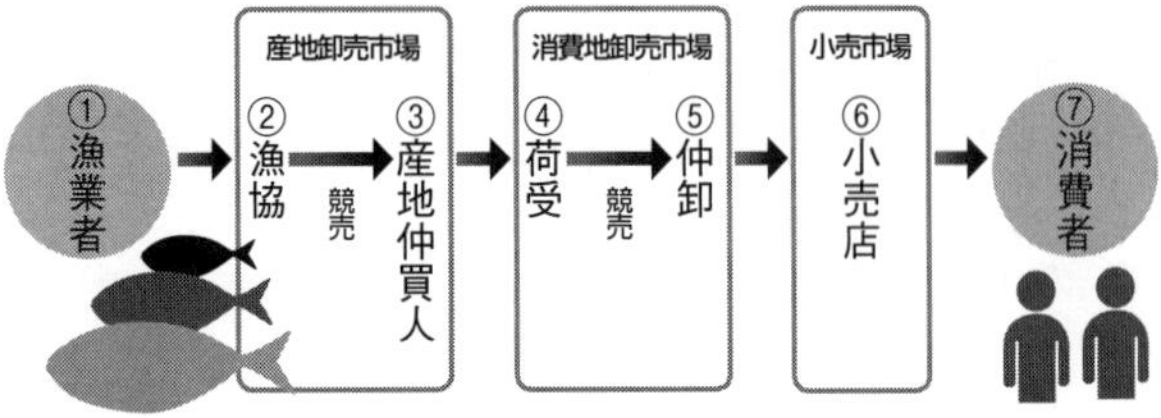

流通経路としての効率がいいだけではなく、きわめて質も高いものです。その全体像を図に示したのが**図24**です。

この経路は一本の線に見えますが、この経路が全国に九〇〇（零細なものまで含めれば二〇〇〇）ほど存在する産地卸売市場と、三〇〇ほど存在する消費地卸売市場を網の目状につなぎ、日本をくまなく覆っています。この卸売市場ネットワークのおかげで、全国どこに住んでいても、安定的で豊かな水産物の品揃えが見られるのです。

この経路では、漁協から小売店まで五つの異なる役割を持つ専門流通業者が、一つの水産物を鮮度の良いまま消費者に届けるために、一体として機能しています。

各業種の中で厳しい競争があることで高い品質と公正な価格が守られ、経路全体としての効率性が高められています。漁師と個々の消費者の双方にとって信頼できる公共インフラと言えるでしょう。多くの食品流通研究者に「近代の傑作」（例えば秋谷重男『中央卸売市場』、日経新書）と称される所以《ゆえん》でもあります。

中抜き流通で得をするのは小売だけ

卸売市場流通が複雑でわかりにくいのは事実です。そのため無駄が多く、非効率的だと批判されることが多いのです。最近よく言われるのが「中抜き流通」で、要するに消費地卸売市場を介さずに産地と小売をダイレクトに結んではどうか、という意見です。しかし、これは実態を知らない人の物言いだと言わざるをえません。

図25を見てください。農林水産省が発表した、水産物の小売価格（主要10品目の平均）に占める各流通段階のマージン割合を示したものです。消費者が１０００円で魚を買ったとすると、うち２９３円が漁業者（生産者）、13円が漁協（産地卸売）、２３９円が産地出荷業者、27円が荷受（消費地卸売）、88円が仲卸、そして３３９円が小売業者に支払われている計算です。

漁業者を除くと、産地の出荷業者と小売業者のマージンの大きさが目立ちます。産地出荷業者のマージンには産地から消費地までの保冷輸送コストが含まれるので、ある程度仕方がないでしょう。しかし、小売業者のマージンはそれよりずっと大きく、流通コ

図25　水産物の小売価格に占める各流通経費の割合

[主要10品目（メバチ、カツオ、マイワシ、マアジ、マサバ、サンマ、マダイ、マガレイ、ブリ、スルメイカ）の平均]

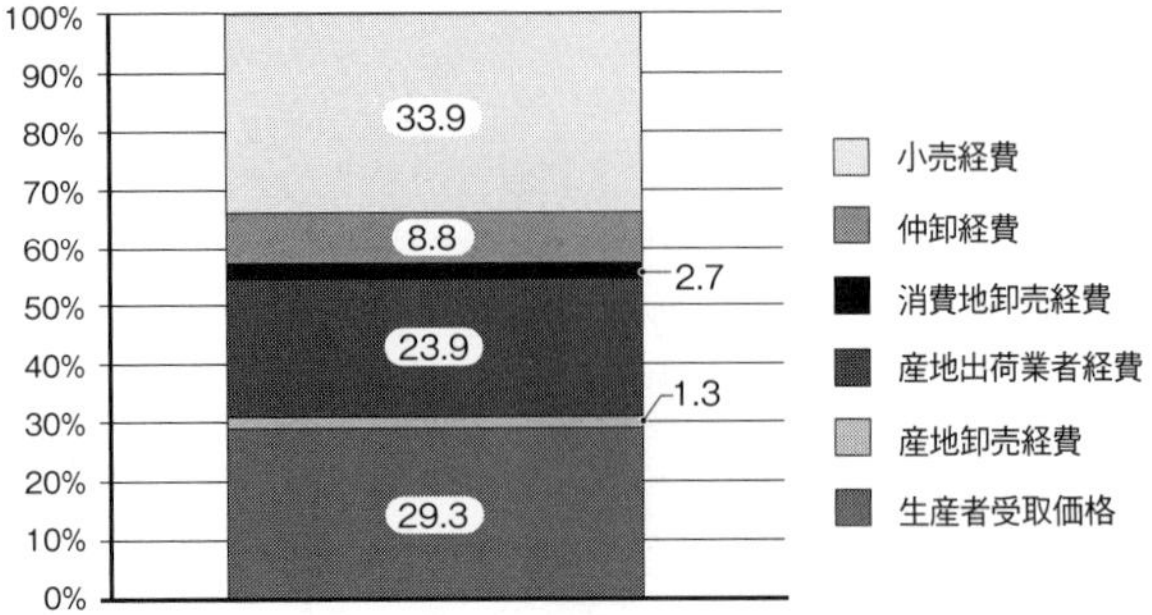

資料：農林水産省「平成23年度食品流通段階別価格形成調査」より作成

ストの削減と合理化を目指すのなら、この削減が最大の焦点となります。

逆に、漁協、荷受、仲卸のマージンは気の毒なぐらいに小さく、中抜き流通で消費地卸売市場の部分を外したとしても、小売価格には大した影響は出ないと考えられます。さきほどの数字をもとに言えば、中抜きをすべて実現しても、計算上、1000円の魚が約900円になるだけです。

しかも、もし仮に消費地卸売市場を通さないとすれば、いま荷受や仲卸が行っている商品の整理や小分け作業、きめ細かな配送、産地への決済などを小売業者がいちいちやらなくてはならなくなります。結局コストの総体はほぼ変わらず、それが小売業者に移行するだけなのです。

卸売市場流通全体としての効率性は、それほど悪いものではありません。果たしている機能と比較すれば、むしろマージンは低すぎるぐらいです。卸売市場流通によって小売店に多様性あふれる豊かな品揃えと季節感がもたらされ、消費者は豊かな食生活を楽しめる。それを非効率的だと切り捨て、中抜き流通を選択すると、簡単に扱える少数の単純な水産物しか店頭に並ばなくなるでしょう。

加工品や冷凍品、養殖ものやサンマやカツオのような大量生産型の水産物なら、それほど高い流通機能は必要ありません。徹底的に効率化することは正しい道筋でしょう。実際、こうした魚種では中抜き流通や場外流通がどんどん拡大しています。

しかし、年中同じものばかりが店頭に並ぶというのは望ましいことでしょうか。アメリカはそういう市場ですが、水産物売り場の主力は缶詰や冷凍品ばかりで、バリエーションがありません。寿司も人気とはいえ、生鮮の魚を使用したものはほとんどありません。

中抜き流通や場外流通は、実際には水産物本来の豊かさを犠牲にすることで、経営的効率化を果たそうとするものです。決してそれが優れているわけではないのです。それに対応できる大型産地にはメリットを与えますが、卸売市場流通に依存しないと存立できない零細な沿岸漁業にとってはデメリットとなります。

それに、公開のセリがなければ、恣意的なつり上げや買い叩きなどの価格操作が行われる可能性もあります。途上国ではそうした状況がよく見られますし、日本でもかつてはそうした行為が横行しました。オイルショックの頃の「マグロ転がし」（冷凍マグロの所有権転売による意図的な価格のつり上げ）を覚えておられる方もいると思いますが、そうなると結局、消費者にもシワ寄せが行くのです。

生鮮水産物流通のモラルと流儀

最近は、漁業者と大手量販店の直接取引など、大胆な中抜き流通も行われるようになりました。例えばイオンリテール（本社・千葉）は、二〇〇八年にＪＦしまね（島根県全域を統括する漁協）と契約を結び、月三〜四回、県内の幾つかの大型定置網をイオン専用に操業させ、全量を買い取り、山陰をはじめ近畿や中国地方で販売しています。その後広島、千葉、石川などの漁協との間でも始まりました。

こうした取り組みの評価は難しいものがあります。確かに一部の漁協や漁業者にはメリットが出ています。しかし、買ってくれるのはスーパーが集客のために欲しい定置網などの漁獲物だけなので、他の漁業種類の漁獲物は産地に残されたままになります。

定置網漁獲物は全国どこの消費地卸売市場でも人気が高いので、出荷業者達の大きな収入源になってきました。その「おいしい部分」をスーパーにつまみ食いされると、出荷業者は困ってしまいます。残りものだけで商売しなければならず、市場価値の低いもの、売りにくいものが多くなってしまいます。

量の少ない残りものを出荷業者が競って買おうとすれば、セリ価格は本来の価値以上に高くなります。漁業者にはありがたいことですが、出荷業者は採算を取っていくのが難しくなる。今は月に三回か四回のことなので辛抱できていても、取引が毎日行われるようになると、やがては産地の全体的な構造が壊れてしまいます。つまり長い目で見ると、定置網以外の漁業が継続できなくなる可能性すらあります。

中抜き流通は、いいところだけ切り取って見れば、確かに効率的に見えます。欲しい物だけを選択的に低コストで調達するのですから、素晴らしく効率の良い流通ができるのは当たり前です。しかし、そこから弾かれた部分をどうするのか、ということも合わせて考えないと、全体的な効率性は判断できません。

さらに、すべての産地や漁協、漁業種類が、このような直接取引に取り組めるわけではありません。スーパーにとって魅力的な産地、収益をもたらす漁業種類だけがその対象となりうるのです。スーパーの意向が産地や漁業種類の生き残りを決めるのは釈然としません。

その日に産地卸売市場に水揚げされた多様な漁獲物すべてをきちんと需要に結びつけ、儲かるものも、儲からないものも、すべて足し合わせて全体でギリギリの採算を確保するのがこれまでの産地流通に携わる業者の流儀でした。儲からない魚種であっても捨てずに赤字覚悟できちんと扱い、そこで発生した損失は別の儲かる魚種で得る利益で埋め合わせてきたのです。彼らはそうした生産と需要の間に挟まる緩衝材となることで、漁業生産と一体化した「産地」を形成してきました。

つまみ食いを許すと、全体が壊れてしまうかもしれません。もし、直接取引を進めるのであれば、是非すべての産地からすべての生産物を一定価格で購入する、というスタイルを目指して欲しいと思います。それなら産地を守ることもできる画期的な流通イノベーションだからです。今のやり方は公正ではないし、持続的でもないように思えます。

先日ある国際学会で講演した際、他国の研究者から質問されました。

「私は日本食が好きで日本に来るとよく刺身を食べるが、それでお腹をこわしたことは一度もない。しかし自国に帰って刺身を食べると、必ずお腹をこわす。なぜ日本の魚はこれほど安全なのか？」

日本人には当たり前のことも、他の国から見たら何とも不思議なようです。

卸売市場流通では日常的にサンプル検査が行われ、衛生的に基準を満たさないものは排除されてきました。またどの業種・業態においても専門知識と的確なハンドリングのノウハウ、高いモラルとプライドを持った魚の専門家が水産物を扱い、刺身で食べることを当然の前提とした迅速な流通と適切な品温管理を行っています。彼らはまた、豊富な知識と柔軟な技能によってどんな魚でも的確に扱うことができます。

だから、これだけいろんな魚種が刺身で食べられていますが、お腹をこわす人は全国的にも年間を通してほとんどいないのです。これ自体が奇跡的で、世界中でここまで柔軟で高度な流通システムは他にありません。このことを私たちは再認識し、それを大切にすべきではないでしょうか。日本では水産物の安全性は当たり前ですが、国際的に見れば驚きに値する仕組みです。

卸売市場流通は刺身文化を支える高機能で柔軟な安全装置です。あれこれ認証がついた輸入魚と同じくらい、国産魚は無印でも安全なのです。この流通システムは、そこで働く「人」を信頼し、「人」に依存してきた制度だと言えます。

一方、主としてアメリカを起点とするＨＡＣＣＰ（危害分析重要管理点）などの安全性認証制度は、そこで働く人々がプロではないことを前提としたものです。経験の浅い非正規労働者でも最低限の衛生管理が実現できるように、厳しい規制や管理制度を重視するのです。「人」を信用しない社会の産物です。

海外に水産物を輸出する際には必要な制度であることは理解しますが、国内で流通する分にはまったく必要ありません。むしろ機能の退化を招くものでしかありません。

食育基本法が制定される前、二〇〇二年に中国産冷凍ホウレンソウから相次いで農薬（殺虫剤）が検出され、二〇〇五年にはやはり中国から輸入される冷凍ウナギから抗菌剤マラカイトグリーンが相次いで検出されました。いずれも食品から検出されてはならない物質で、ＢＳＥやＯ１５７などに続いて国民的な不安を招きました。

しかし、これらは輸入食品に関する問題です。国内水産物に関する、流通経路が問題で起こった食中毒や健康被害事件は私が知る限りありません。食の安全確保を理由に、日本が世界に誇る高機能な水産物流通システムを捨て去り、代わりに米国発のシステムを導入する必要がどこにあるのでしょうか。それこそ魚食文化の放棄です。

鮮度感の重要性と専門的な流通経路

自然と正面から向き合う水産業において、変動性は避けられません。台風が来れば操業できないし、潮汐や月齢の変化でも水揚げは大きく変わる。エルニーニョのような地球規模の気候変動によっても、漁獲量は大きく左右されます。二〇一三年はサンマが大不漁でしたが、これも事前に予測はできませんでした。

ですから、食べる側がその変化を柔軟に受け止め、融通を利かせなくてはなりません。生産を起点とするしなやかな消費を実現させるような流通経路が、真にスマートな水産物流通といえるでしょう。

脂の乗ったサバが好きな人もいれば、サッパリした白身のヒラメが好きな人もいます。好みは人それぞれで、判断の基準も様々に分かれるところが水産物の良さです。

ただし、すべての人にとって共通する判断基準があります。それが「鮮度」です。生鮮水産物は秒刻みで鮮度が悪くなり、時間の経過とともに価値が損なわれていく。

高く売りたければ、なるべく鮮度を保って流通させることが肝要で、鮮度こそが価値になります。

そのため他の生鮮食品と比べて圧倒的に迅速で、温度管理にも留意した専門的な流通経路が発達してきました。多くは漁獲した時点から氷を大量に使用して温度を下げ、発泡スチロールケースや保冷トラックなどを利用して低温を保ちながら消費地まで輸送され、小売店の店頭に高い鮮度のまま届けられています。

流通経路の各段階で鮮度に応じて仕分けられ、程度の良い順に刺身、一般惣菜、加工原料、養殖餌料、肥料など、用途別にきちんと交通整理されながら販売されていく。このような複雑な販売を可能にしているのが、流通業者の鮮度や品質を正しく評価する能力、すなわち「目利き」です。日本の多種多様な水産物をうまく利用していくためには、この「目利き」の力が必要なので、畜肉や野菜と比べ、生鮮水産物の取扱いは非常に専門的にならざるを得ないのです。

天然の水産物には直接目に見える形でのコストはありません。もちろん漁労作業にコストはかかりますが、それは魚自体のコストではない。自然の中で育まれ、たまたま人間に漁獲された魚だけが人間社会とのつながりを持つ。そういう商品にどれほどの価値があるのか、誰にも正確なところは分かりません。だから、価格を決めるには「目利き」に基づく競売しかないのです。

誰かが恣意的に価格を決定するのではなく、卸売市場における競売という場での需給バランスのみから価格が決定されます。こうして決定された価格が適正かどうかは保証できませんが、公開の場で談合なく決められた価格で、少なくとも公正だとは言えます。

これまで日本の卸売市場流通の機能と、その意義について話をしてきました。効率性や合理性と引き替えに、その優れた機能と公正さを失うのは得策とは思えません。

6　サーモンばかり食べるな

回転寿司でもサーモン一人勝ち

長引く不況で外食産業全般にかげりが見えていますが、回転寿司業界だけは活況を呈しています。チェーン間競争の激化とともに店内ディスプレイにも様々なアイデアが取り込まれ、お客さまに常に新鮮な驚きをもたらしてきた結果だと言えるでしょう。

徹底した低価格、厳しい制約の中で新メニューの開発が追求されてきたのもこの業界の特徴です。当然ながら、輸入冷凍品が中心です。大手はどこも原産地情報を公開しており、**表1**は「K寿司」がウェブサイトで公開している定番寿司（肉類は除く）の原材料原産地を示したものです。国産は種類にして二割程度しかありません。

メニューの数で目立つのは「サーモン」です。「握り」カテゴリー（巻物や軍艦などを除いた寿司）でサーモンアイテムが占める割合は、例えば「H寿司」のウェブサイト（二〇一四年十月時点）を見ると約16％、同じく「S寿司」では二貫１００円のメニュー

表1　「K寿司」における定番寿司原材料（水産物）の原産地（2014.10.24 現在）

はまち・まだい・ぶり・あじ・スルメイカ・いわし・ホタテ貝ひも・たこ	日本
ニシンの卵・真穴子・あんこうの肝・うなぎ・みる貝・あかいか	中国等
えび・紅ずわいがに・ずわいがに	ベトナム等
赤エビ	アルゼンチン
ピンクサーモンの卵・アブラカレイ・魚肉すり身・すり身製品・まだら白子	アメリカ等
アブラカレイ・カラスガレイ・つぶ貝	ロシア・ロシア等
アトランティックサーモン・ギンザケ・サバ	ノルウェー・ノルウェー等
ホッコクアカエビ	グリーンランド等
うに	チリ等
紋甲いか・スルメイカ・マツイカ・キハダ・えび	タイ・タイ等
ビンチョウ・キハダ・メバチ・ミナミマグロ等	台湾等
カラフトシシャモの卵	アイスランド等
そでいか	フィリピン等
たこ	モーリタニア等
クロマグロ・ミナミマグロ	メキシコ等

資料：K寿司HP「原材料・原産地情報」より得たデータをもとに作成。随時更新

において約14％を「サーモン」メニューが占めている。寿司の花形といわれたマグロアイテムより多いのです。

トロサーモン、焼きはらす、あぶりチーズ、オニオンサーモン、サーモンカッテージバジル、サーモンシーザーナッツ……寿司のイメージを越えた斬新なメニューは、特に女性や若者、子供たちに人気があるといわれます。

概してサーモンは脂はあるが水分が多く、身の締まりが弱くて味は薄い。本来は寿司ダネら

しくない素材で、寿司ダネとなったのはつい最近のことです。ややクセのあるハマチのようにワサビ醬油をつけてじっくり嚙みしめるより、ドレッシングやマヨネーズなどと合わせてサラダ感覚で食べる方が合う素材です。寿司ダネとしての歴史の浅さが幸いして、こうした洋風メニューにしても違和感がありません。

消費者ニーズという点で、サーモンを軸にしたメニューは戦略的に正しい選択なのでしょう。子供はファミレスにあるような洋風メニューを回転寿司に求めていて、唐揚げやフライドポテト、うどんやラーメンまでが寿司と並んでいるのが今時の回転寿司です。マヨネーズを用いたり、焙《あぶ》ったりしたメニューが人気を博すのは不思議ではありません。

今や回転寿司は寿司屋と言うよりも、家族が比較的安い値段で楽しめる食事イベントの場となっており、ファミレス化しています。それが今の成功の要因でもあり、回転寿司が人気だからといって、魚の人気が底上げされていると考えるのは早計でしょう。

サーモンの消費拡大が意味するもの

スーパーの刺身売り場でも色鮮やかなサーモンは人気があります。最近は養殖産地で魚病《ぎょびょう》が発生したことから品薄になりやや値上がりしていますが、まだまだ安い。切り身も、塩蔵ものも特売品の常連で、惣菜売り場の焼ザケやサケ弁当も多くは「サーモン」を使っています。

ところでサーモンとは、海で養殖されたサケ・マスの仲間すべてをまとめた呼称です。このうち刺身や寿司ダネとなるのは、大衆品の海産ニジマス（通称トラウト）と、高級品のアトランティックサーモン（通称アトラン）です。トラウトの多くはチリから冷凍輸入され、アトランはノルウェーなどから生鮮品で空輸されています。

回転寿司では主に安いトラウトが広く使用され、価格の高いアトランは「生サーモン」として一皿一貫で提供されていることが多い。また、惣菜や弁当用に売られている塩ザケの多くは、チリの養殖ギンザケとトラウトが多いようです。

これらサーモン類は毎年20～30万トンほど輸入されています。これは養殖ブリ類（ブリやハマチ、カンパチなど）の約二倍という膨大な量になります。

図26は家庭での消費量が多い生鮮魚種を対象として、二〇〇六年度の世帯当たり消費支出を100％としたときの、その後の支出水準の推移を示したものですが、二〇一三年までの七年間で鮮魚全体の消費支出水準は82・1％まで下がっています。

人気のマグロが80・5％に激減する一方、唯一、消費水準が上昇したサケ（サーモン）

図26　2006年度を100％としたときの世帯当たり魚種別消費支出水準の推移

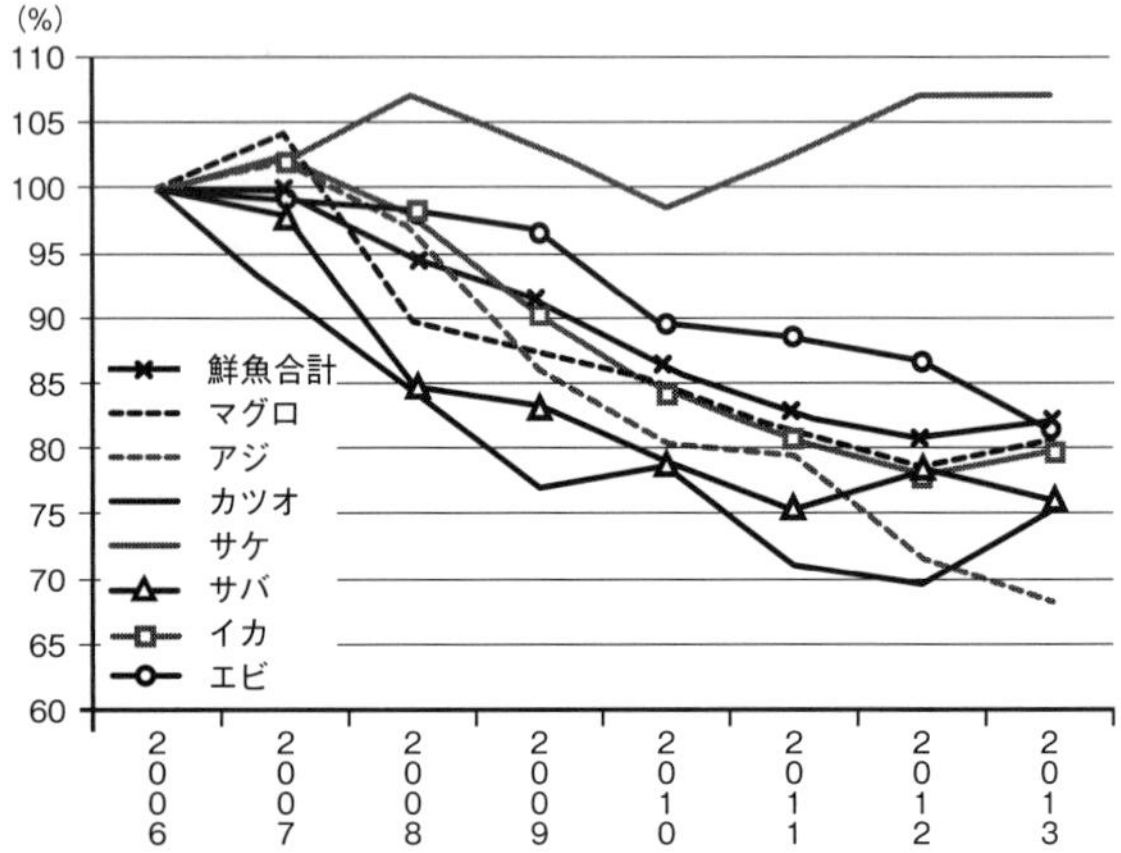

資料：総務省統計局「家計調査」より作成

が107・2％まで拡大しています。生鮮水産物の消費が年々大幅に低下していく中、サーモンの消費量だけが大きく増えているのは興味深い現象です。はるか地球の裏側から運ばれてくる「サーモン」が食べられ、ずっと鮮度が良くて信頼できる国産の水産物が食卓から弾き出されて行き場を失っているということです。

もちろん、輸入サーモンが大好きという人がいてもいいのです。ただし、長い目で漁業を考える上では、やはり伝統的な日本人の嗜好性、日本独自の食文化をベースにしたいものです。今の状況は少し行きすぎているように思われます。決して国粋主義的な考えから言っているのではありません。結局は、そのほうが食料安全保障の観点でも好ましく、豊かな食生活を維持することにつながるからです。

日本の水産物の商品特性と多彩な食文化

日本で売られている水産物は諸外国と比べて驚くほど多様です。同じ魚食の国でも、北欧や南欧のように単純な海洋環境と水産資源を利用してきた地域とは、消費のあり方がまったく違います。

図27は、二〇〇九年のポルトガルと日本の魚種別供給量の内訳です。ポルトガルは二〇〇七年に日本を抜いて、人口100万人以上の国の中で、一人当たりの食用魚介類の消費量が世界一になりました。ただし、上位五魚種が総供給量に占める割合は日本が30%、ポルトガルでは56%。それだけ日本人は多様な魚種を食べているのです。

北海道では地場産のホッケやコマイ、カジカなどが鮮魚として日常的に食べられています。ホッケの干物は今や全国的商材ですが、鮮魚として消費されることは他の地域ではほとんどありません。沖縄ではアオブダイやグルクンが一般的な惣菜魚ですが、隣県

図27　ポルトガルと日本の魚種別供給量内訳

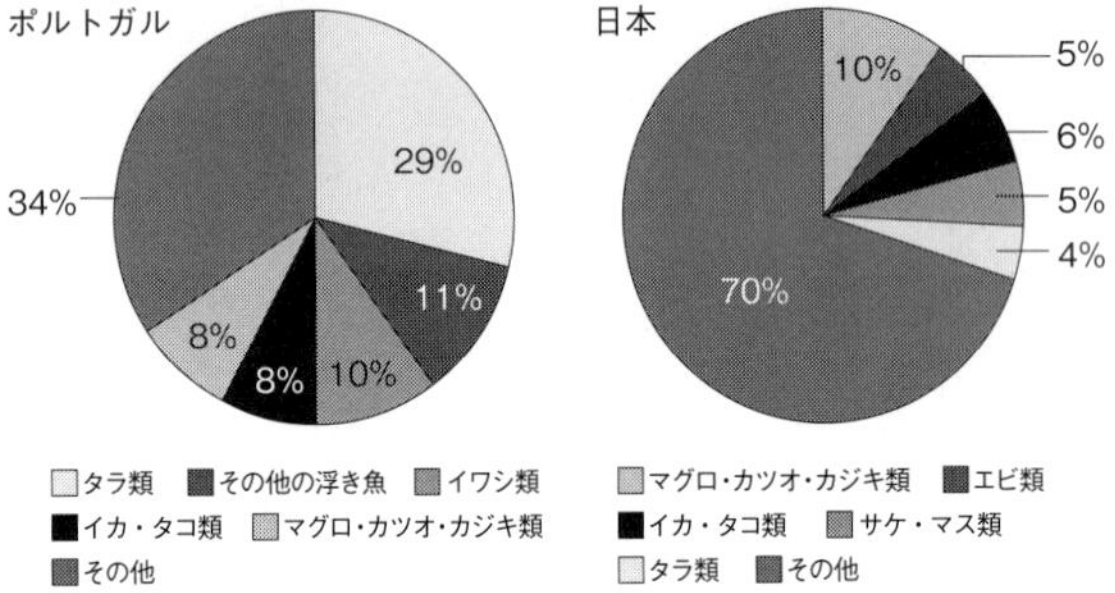

資料：水産庁「平成24年度　水産白書」より作成

の鹿児島でさえ、まず見られない。水産物の消費は地域性が強く、とても保守的です。

『東海道中膝栗毛』に、「桑名の焼き蛤《はまぐり》」や「新居《あらい》のかばやき」などが出てきます。旅先ではその土地の魚を食べたいという心情は、あらゆるものに季節や風土を感じとる感性ゆえでしょう。地魚を肴に地酒を楽しむのが好きな人も多いと思います。

さらに季節によって様々な魚が回遊してきます。瀬戸内海では春、サワラが産卵のために回遊してきます。それを寿司にして食べるのが岡山あたりの春の風物詩です。

鹿児島では秋にバショウカジキが獲れます。秋になると南方からやって来て甑《こしき》海峡を通り抜け、たちまち日本海へ回遊していく。鹿児島ではこれを「秋太郎」と呼び、それを食べることで秋の到来をよろこぶ習慣があります。

料理の工夫で、水産物の季節感はさらに膨らみます。蒸し暑い大阪の夏の夜は、活けのハモをさっと湯に通して氷水でキュッと締めた冷ややかな「鱧《はも》ちり」を梅肉と合わせて食べる。寒風吹きすさぶ青森の長い冬の夜は、肝を溶かした濃厚な出し汁に、あらや白子、大根を入れて味噌で煮込んだ「じゃっぱ汁」で身体中を温める。

このように、日本人は、変化に富む気候や風土に合わせて、多様な水産物の調理方法を発達させてきました。水産物は、「旬」を強く表現できる食材なのです。

さらに、水産物は同じ魚種の同じロット（同一の操業で一緒に漁獲されたひとかたまりの生産物）においても、サイズや雄雌などによって商品性や価格差が見られます。海外では多くの場合、鮮魚は魚種ごとに分けられるだけで、重量単価（キロ当たり）で売られています。大きな物も小さな物も、同じ調理方法になるからです。

日本ではサイズによって食べ方も異なってきます。

例えば、鹿児島のイトヨリは、大型なら湯引きにして刺身に、中型は尾頭付きの焼き物に、小型はすり身に加工されてかまぼこなどになります。六段階にサイズ分けしてセリを行う漁港もあるぐらいです。細かくサイズ選別することで、細かなニーズに応じた商品化ができるからで、そうすれば価格も上がります。

成熟期の真子（卵巣）や白子（精巣）の価値が高いので、スケトウダラやハタハタ、カレイ類なら雌が、トラフグなら雄の価格が上がります。雄雌で商品価値に大きな差が出てくるのも日本独特でしょう。

漁獲方法によっても価値に違いが出ます。底曳網《そこびきあみ》や旋網《まきあみ》などで漁獲されたものは、短時間に大量に漁獲されるため鮮度や品質が低くなり、多くは惣菜向けや加工原料になります。当然価格は安くなります。一方、一本釣りや定置網などでは生きたまま漁獲され、扱いも丁寧なので鮮度が良く、刺身用として高い価格で売られていきます。

大衆魚のアジやサバも「釣りもの」となると別格です。大分の「関さば」、神奈川の「松輪サバ」が有名ですが、そこまで高級ではなくても、スーパーで「釣りもの」や「定置朝獲れ」などの宣伝文句を目にしたことがあると思います。消費者も漁法と鮮度感を結びつけて考え、それに価値を感じているのです。

『ドナルド・キーン著作集　第七巻』（新潮社）に、「日本人の美意識」という章があります。キーン氏は日本の「自然」の美に対する感性を唯一独特のものとして評価し、その要素として「ほろび易さ」、「余情」、「不規則性」、「簡潔」などを取り上げています。キーン氏によれば、日本では、素材そのものを生かし切ることが料理人の腕前とされます。「茶懐石」が成立するのも、水産物をはじめ素材自体が多様で、地域性や季節感を体現しているからでしょう。フランス料理や中華料理が、素材よりもソースやスパイスに個性や差別性を見いだしていくのとは対照的です。

この唯一独特の美意識の価値を食においてもかみしめていたいものです。

7　ブランド化という幻想

水産物は「ブランド化」には馴染まない

現在、漁業にかかわる多くの人がこのようなことを口にします。

「水産物も何かの認証取得、生産者の顔が見える製品作り、差別化を進めてブランド化しなければならない。ブランド化すれば価格を維持していくことができるはずだ」

一見、正論に見えますが、流通に関する議論と同様の問題点をはらんでいます。これも、工業製品におけるブランド形成の論理にもとづいているからです。工業製品は顧客ニーズに合わせて開発製造し、技術やアイデアによって品質格差や差別性を生みだすことができます。規格や品質が常に一定で、消費者はいつでも同じ満足感を得られる。人気が高まれば、供給量を増やして売り上げを拡大することも可能でしょう。そうして繰り返し購入され、信頼を得た商品が「ブランド」と呼ばれるようになるのです。

しかし、生鮮水産物は工業製品とは真逆の特徴があります。規格性がない、供給量、価格、品質が安定しない、保存性がなく、差別性が固定化できない……。

筆者自身、大学で食品マーケティングを教え、水産物販売促進にも関わっています。「ブランド」の大切さを否定はしません。しかし、生鮮水産物が通常のマーケティング活動や「ブランド」の対象となりにくい、そうしたシステムで売って行くことが難しい、特殊な商品であることも強く実感しています。

四季と気候の変化、魚の旬をありのまま受けとめるような、柔軟で賢い消費構造があったからこそ、日本の漁業は健全に持続してきました。工業生産やマーケティングの論理を導入すれば万事ＯＫとはいかないのです。

いま、日本のいたるところで多種多様な「ブランド水産物」が行政の支援を受けて喧伝されています。大分県佐賀関《さがのせき》の「関あじ」や「関さば」などは全国的に著名で、有名デパートなどでビックリするような値段で売られています。それ以外にも、「××イカ」「△△漁港のブリ」等々、様々な「ブランド魚」の名前を魚屋やスーパー、居酒屋などで目にします。

しかし、このようなブランド化は必ずしも生産者に安定的な利益をもたらしているわけではありません。大間のマグロ一本釣り漁師や、佐賀関のアジ・サバ一本釣り漁師は、実際にはそれほど儲かっていないのです。少し前ですが、「関あじ」「関さば」が既にブランド魚として認知されていた一九九七年に、筆者が佐賀関で調査した際、一本釣り漁業者の多くは年収が200〜400万円程度で、後継者もあまり育ってはいませんでした。価格は高くても、そう多くは釣れないからです。

定義に逆行する利己的ブランド戦略

いったいブランドとは何なのか。それはどんな意味を持つものなのでしょうか。

ブランド研究の世界的権威、アメリカの経営学者ディビッド・A・アーカーは「ブランドとは、歯止めのない価格競争に陥らないための唯一の選択肢である」と述べています。「ブランド」とは、市場が急速に成熟化する現代の工業製品市場において、信頼感によって差別化と非価格競争が可能となったマーケティング活動の到達点なのです。

しかし、前述したように、天然の水産物に、規格性を必要とするブランドという概念を持ち込むことで、販売の現場は混乱しているように思えます。規格性や計画性が乏しく、一尾一尾の目利きが必要な水産物にとって、商品に対する信頼感を生み出すのは、流通段階での目利きの存在です。彼らが介在しているプロセスこそが「ブランド」を生み出してきたはずです。

ところが、その現実を無視して、漁業者や漁協、大手スーパーが互いに競争するために、それぞれオリジナルで利己的な「ブランド」を作ろうとしています。もちろん、ブランド化に成功した事例の中にはきちんとした内容を持つものもありますが、失敗例も数多くあるのです。水産食料供給の安定と水産業の維持という公益的観点から見れば、その意義はきわめて不透明です。

二〇〇〇年代に入り、「知財立国」という言葉がしきりに聞かれるようになりました。知的財産を活用することで国際競争力を高めようというのです。農林水産業の分野でも普通に自由貿易と価格競争をしていたのではとても外国に勝てません。しかし、農林水産業を保護する予算はどんどん縮小されていきます。そこで保護政策に替わって「知財立国」予算が政策に落とし込まれるようになりました。

こうした政策の転換が進む中で、「ブランド」も「知財」と見なされるようになりました。市場開放が進めば、輸入品との競争が激化しますが、そこで国産品は「ブランド」として非価格競争力を持てばよい、という戦略です。近年流行の「地域ブランド」という言葉もこうした政策議論の中から生まれてきました。

二〇〇五年に小泉政権は「攻めの農政への転換」をかかげ、輸出の拡大を農林水産業における重要施策と位置付けました。中国の富裕層などを対象とした海外高級品市場での勝ち残りを目指し、「ブランド」農産品が支援されます。中国で大人気の福岡県産イチゴ「あまおう」や青森県産リンゴ「ふじ」など、高級な果実類がその代表格でした。このような農政の大きなうねりを受け、水産物においてもブランド化事業が乱立するようになりました。しかし現実には、国内品同士の競争でも、期待したような効果を挙げているものは例外的で、ほとんどが国、県、市町村による補助金を受けてスタートしたものの、鳴かず飛ばずという状況にあります。

地域特産品とブランドを同一視する間違い

ブランドと似たような言葉に「地域特産品」があります。例えば、

・分布や漁獲が特定の地域に限定されるもの（羅臼コンブ）

・生物学的な特性（産卵生態、回遊生態、季節的な脂肪含有量変化）から、品質に明らかな差別性が認められるもの（秋田県八森の抱卵ハタハタ）

・水揚げの集中により有名になったもの（下関のトラフグ、函館のスルメイカ）

・漁法や流通の仕方によって鮮度などの差別性を実現したもの（関さば）
・文化的な背景による差別性を持つもの（大分県の城下《しろした》カレイ、新潟県三面《みおもて》川のサケ）
・流通業者の扱いや技術が信頼できる、と評判が定着したもの（兵庫県の明石鯛）
などが挙げられます。

このような地域特産品は自然発生的に全国各地にあり、庶民の食生活に豊かさをもたらしてきました。しかし供給は旬の一時期に限定され、数量も安定せず、極端な希少品となっているものもあります。有名ではあっても、いつでも食べられるものではない。経営学でいう「ブランド」と同一視はできません。

高度成長期から一九七〇年代にかけては水産物流通の広域化が進み、全国的な物流のネットワークが確立しました。大手スーパーが全国展開し、養殖魚など定番品の普及を通じて消費の画一化も進みました。所得水準が上がって個人消費が拡大していくなか、地域特産品が広域流通においても人気を博し、価格も上がっていきます。地域特産品の消費が全国化し、「ブランド魚」として扱われるようになります。

高度成長も後半に入ると、輸入水産物や養殖ハマチなどの定番品には飽き足らない消費者が多くなり、何か違いのある商品が求められるようになりました。産地の業者と結びついた「産地直送」品が開発され、活け締め、釣りもの、朝獲れ、活魚など高級感のある産直品が「ブランド」的に扱われていきます。

バブル期には接待やグルメブームで、高級品市場が拡大します。活トラフグ、活ヒラメ、活アワビ、活クルマエビ、カニ、クロマグロなど高級な食材が軒並み高騰し、大衆的な魚種でも「関あじ」「関さば」などの「ブランド魚」が価格をリードしていきます。デパ地下の鮮魚売り場がこれら「ブランド魚」のショウウインドウとなりました。

何度も例に挙げてきた大分県の「関あじ」「関さば」は、一大観光地である別府の温泉場向けに、佐賀関地区の漁業者と流通業者が作りだした地域特産品的「ブランド」です。「誰も手を触れないまま流通させた刺身用の活魚」というのが特徴で、当然ながら鮮度はピカイチです。当初はローカル商品でしたが、テレビで「刺身で食べられる美味いマサバ」と紹介されたのがきっかけで、全国から注文が殺到。まがい物も出る中で漁協が商標登録をし、評価が確定しました。まさにバブル時代を象徴する「ブランド魚」の代表格です。

しかし、バブル崩壊で長年の上昇局面は一転し、価格は今に至るまで下がり続けています。この間、国民の消費支出はかげり、大手スーパーの過当競争が激化しました。高い品質のものを高く売る職人的流通が排除され、価格だけで勝負する安直な商品が主力となっているのはすでに述べた通りです。

こうした中で、高価格な「ブランド魚」は行き場を失いました。他方、価格競争も限界となり、これ以上安く売ることもできない状態です。大手スーパーは低価格でありながら何か特徴のある差別的な商品を求めるようになりました。すべての商品に何らかのブランド性が求められ、無名の商品が扱われにくくなっているのです。

産地ではスーパーとの取引を切られないよう、チラシやパンフレット作り、スーパーでのキャンペーンなどにコストを費やし、鮮魚売り場で生き残ろうと懸命なのです。

例えば、釣りアジは全国に数え切れないぐらいブランドが乱立しています。九州だけでも長崎の「ごんあじ」、鹿児島の「華アジ」や熊本の「天領アジ」、大分の「関あじ」、福岡の「玄ちゃんあじ」などがありますが、こんな画一的な「ブランド」展開は、結果的に「ブランド」そのものの意義を薄めてしまっています。

価格向上に結びつかないことが多いのも、こうした「ブランド」は消費者の信頼に基づくものではなく、単なる販売促進のためのツールだからなのです。

養殖を別とすれば、水産物はまったくの天然資源です。鮮度以外は人為的なコントロールが難しく、サイズの大小、脂の乗り、漁獲方法や時期などによって品質は大きく異なってきます。

だからこそ卸売市場流通の「目利き」と「競売」が重要なことは先述の通りです。たとえブランド水産物でも、「目利き」を通して選別しないと品質はばらつきます。つまり「ブランド」だけでは裏切られることが当然あり得るのです。

また、鮮度を維持するには生産時点から十分に品温を下げ、小売時点までの流通経路全体で温度管理を徹底しなければなりません。小売業者の店頭での鮮度管理や陳列の仕方、切り方などにも消費者に最終的に提供される鮮度は大きく左右されます。

せっかくのブランド魚が、店頭で氷も打たれず表面が乾いたような状態になっていたり、血水に浸かったような状態で売られていたりする光景は珍しくありません。「ブランド」を名乗っている生産者が消費者に対する品質の保証を行えない現実があるのなら、ブランドを名乗るのは無責任だと思います。

養殖業でも「ブランド化」の効果はない

ブリ類やマダイなどの養殖業では、今やほとんどの漁協や生産者グループ、養殖企業などがそれぞれブランド展開をしています。同じような餌料を与え、トレーサビリティシステム（9で詳述）を備え、似たような販促グッズを使ってスーパーに売り込んでいます。

鹿児島県内の養殖カンパチでは「ねじめ黄金カンパチ」、「かのやカンパチ」、「海の桜《おう》勘《かん》」、「桜島かんぱち」、「いぶすき菜の花カンパチ」という五つのブランドがありますが、同じ認定を県から受け、それぞれに優位性を宣伝しています。しかし、技術面でも最終的な商品の質としても消費者に分かるほどの違いがない。買う側もほとんど意識しておらず、ブランドによる明らかな価格差も見られないのです。

二〇一三年に水産庁が発表した報告書によれば、「養殖ブリ類は、生産量の増減の影響を受けて単価は大幅に変動」し、「特に養殖カンパチは、近年の増産により単価の下落が顕著」であるとされています。全国的に進められているブランド化事業の効果は見られず、以前と変わらず需給バランスで価格が決まっているのです。

養殖では、スーパー主導でブランド化されるケースが多く見られます。これには二つの問題があります。

第一に、産地のブランドへの投資がスーパーの競争に利用されていることです。産地ブランドをスーパーのPB（プライベートブランド）商品として利用し、販促ツールとして集客力アップにつなげようとしている。当然、競合他社のチェーンでは扱われなくなります。

そもそもが集客目的ですから、価格はほとんど上がりません。例えば、三重県のある漁協では高価で良質の餌料を用い、色鮮やかな養殖マダイを生産していました。これに目を付けた大手スーパーがPB商品として独占的に販売を始めた。しかし、価格競争からは抜け出せず、仕入れ価格はどんどん引き下げられ、やがて生産コストを下回ってしまった。結局取引は解消され、もっと安価な商品に代替されました。

第二に、スーパーにとっては「ブランド」も「認証」と同じく、低コストの販促ツールに過ぎません。紙に書いて提示しておけばいいので、人手をかけずともアピールできる。買う側よりは、売り手の都合で行われているといったほうがいいでしょう。

これでは品質の向上も、適正な価格上昇も期待はできません。なるべく良質なものを扱って買う側の満足感につなげ、高く売って儲けよう、という発想ではなく、できるだけコストをかけずに客を集めて儲けよう、という発想なのです。

長い年月をかけて自然に定着した名産品は別として、後発的に作られた「ブランド水産物」の多くは、一時の利益はもたらしても、消費者にとっての価値向上や、生産者にとっての価格上昇にはつながらないということです。

「ブランド」とは、何らかの差別化によって、自社の商品を買ってもらおうとする仕掛けですが、市場そのものを拡大する力はありません。シェアを奪うことで自社の売り上げを拡大するのが狙いです。

現在、ブランドとして世界的に成功しているノルウェーサーモンは、国を挙げてブランド化に取り組み、日本市場での知名度向上とシェア拡大を図ってきました。この間、どれだけサーモン消費が拡大しても、水産物の総消費量はまったく増えていません。その分、他の魚を食べなくなっただけで、単調で画一的な消費スタイルを促しただけです。

また、ブランド化には多額の投資が必要です。規模が大きく資本力があり、補助金をもらいやすい有力産地には有利ですが、弱小産地を崩壊させる危険があります。これは望ましいことではありません。良い産地と大規模で有力な産地はイコールではないからです。

水産物は日本人にとって基盤的食料であり、健康で文化的な生活に欠かせません。ある魚種や特定の産地の存続ではなく、水産業全体を考えなくてはなりません。各産地が経営向上を目指して努力することは否定しませんが、むやみに競争を煽るのではなく、どの産地の生産物もそれなりに価格形成され、きちんと流通していく生産・流通構造を作っていくことが望ましいと私は思います。

安易なブランド化と中抜き流通には、これまで卸売市場流通が担ってきた機能と公益性がありません。むしろ、卸売市場流通とその機能をどうやって健全に維持していくのかを考えるべきでしょう。

8　あまりに愚かな「ファストフィッシュ」

魚食文化に逆行するファストフィッシュ

「魚離れ」が言われて久しくなりました。「水産白書」によると、二〇〇〇年に853万トンあった水産物の食用消費量は二〇一二年には652万トンまで減少しています。骨や頭を除いた純食料ベースでも国民一人当たり37・2キロから28・4キロまで低下しました。**図28**のように、二〇〇九年以降は肉に完全に追い抜かれ、日本人は魚よりも肉を多く食べる、文字通りの「肉食系」民族となっています。

「魚離れ」の傾向は、年齢層で大きく異なります。総務省の調査では、生鮮魚介類の消費量はこの一〇年間で六〇代以上の高齢者世帯ではそれほど減少していませんが、五〇代以下の世帯では三割近くも減少している。また二〇代世帯では全体平均の半分程度で、六〇代以上の高齢者世帯と比較すると、実に四分の一以下にとどまります。

家庭外での消費も同じ傾向にあると考えられます。すると、二〇代の水産物消費量は

図28　国民1人1日当たりの魚介類と肉類の摂取量推移

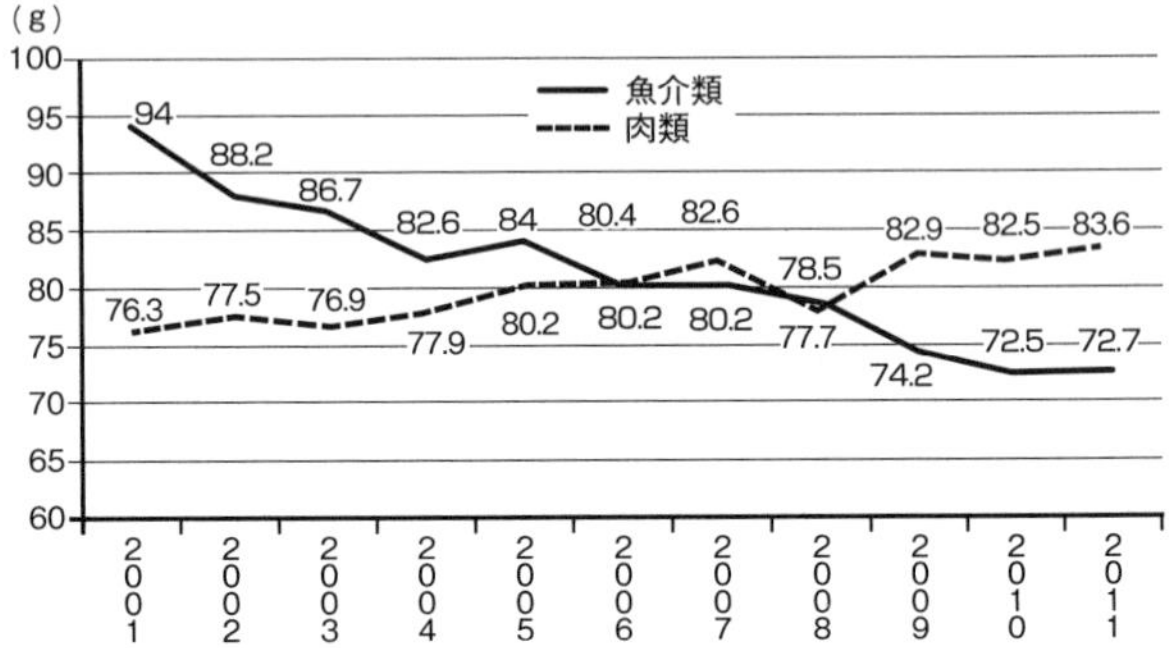

資料：厚生労働省「国民栄養調査」および「国民健康・栄養調査報告」より作成

せいぜい年間一人当たり15キロ程度（骨や頭を除いた純食料としての重量）と考えられ、先進国の平均的水準にとどまるのです。アメリカの友人は「若い日本人ほど魚を食べない人種はいないな」と言って笑いますが、現代の若者は「食」の観点から見れば、すでに「日本人」ではなくなりつつあります。「魚離れ」の核心は、若者の食生活の劇的変化、「ガイジン」化にあるのです。

こうした状況に、国も手をこまねいて傍観しているわけではありません。二〇一二年三月に刷新された「水産基本計画」は、一〇年後の二〇二二年においても現在の消費水準を維持することを目標に、様々な施策を講じて魚食普及と消費拡大に取り組むことにしています。その中核となるのが「魚の国のしあわせ」プロジェクトです。

「周囲を海に囲まれ、多様な水産物に恵まれた日本に生活する幸せを、5つのコンセプト（味わう、感じる、楽しむ、暮らす・働く、出会う）により、生産者、水産関係団体、流通業者や行政等、魚に関わるあらゆる方々が一体となって、進めていく取組みです。特に近年、顕著となっている消費の減退に関して、消費者を水産物・魚製品に向けていくため、（1）健康面等の魚の良さを積極的に情報発信し（2）消費者のニーズを発掘しながら、消費の拡大を目指します」

この宣言に異論はありません。生産者や流通業者と消費者が相互に理解しあい、密接に結びついた生鮮水産物の消費スタイルは、日本が誇ってきた「魚食」の構造そのものです。しかし、問題はその取り組み方です。このプロジェクトの目玉「ファストフィッシュ」が、前段の理念と明らかに矛盾しています。

ファストフィッシュ（Fast Fish）は「現代の魚のファストフードを目指す。ファストファッションのように、気軽に楽しめるおいしい魚食という意味」と定義されています。「ガイジン」化する若者に焦点を合わせた消費拡大策は正しいし、そこを何とかしなければなりません。

しかし、「ファスト○○」というのは、そんなに持てはやされるべきものなのか。グローバル化・大規模化・効率化を徹底的に追求することで低コスト化と企業利益の最大化を図るというのが、ユニクロに代表されるファストファッションでした。それと同じような発想で、水産物の消費拡大を考えるのはどうなのか。本当に「魚の国のしあわせ」にたどり着けるものでしょうか。

すでにスーパーの水産物売り場では、「ファストフィッシュ」のロゴマークが付いた商品がたくさん並べられています。これらの中には、「安価な輸入魚を骨取り加工し、冷凍・解凍を経て失われた旨味をチーズやガーリックなどのスパイシーな洋風ソースで補った、電子レンジ加熱用のレトルト食品」なども見うけられます。魚本来の旨味が抜け、骨抜き作業で形崩れしたものを結着剤で形を整えているから、魚には合わない濃いスパイシーなソースやタレが必要になるのです。

複雑な加工や国際的な物流にはコストがかかります。しかし「ファスト」であるためには、安く売らなければなりません。当然、原料費は余計に低く抑える必要があります。多くが安価な輸入物を原料としており、国産で質の高いものはなかなか使えません。コストの低い海外での加工も見られます。

若者の好みに迎合し、インスタント食品のような魚らしさを排除した加工品を売り込むことは、かえって若者の食の「ガイジン」化を促進することになりはしないのか。それなら国産の鶏肉を食べた方がむしろ美味しいような気がします。

水産物の消費拡大とは、企業が輸入水産物で儲けることが目的ではないはずです。それなら税金を使って後押しする必要はありません。魚を食べるという行為だけでなく、日本の魚食文化を若い世代に取り戻すことが、本来の目的だと思うのです。

長い目で見れば「魚の国のしあわせ」に

もちろん、食べやすく加工された商品の開発が水産物市場を拡げてきたことは事実です。長年の努力によって新しい商品を開発し、市場を拡げ、利用できなかった水産資源を有効に活用したりもしています。それまで利用できなかったスケトウダラを練り物原料に利用することを可能にした冷凍すり身の開発などはその好例でしょう。

また、国産の原料にこだわり、美味しさと便利さを両立させる商品を開発している企業もあります。例えば、唐揚げやフライをはじめ、刺身、サラダ、お茶漬けなどの材料に様々な水産物を加工している「やまた水産食品」です。

同社が扱う原料は地元の阿久根漁港で水揚げされたものが中心で、次いで鹿児島県内産、九州産、そして国内産という具合に、国産ものにこだわっています。獲れたてで活きのいい素材で作るので、輸入冷凍物から作った加工品とはまったく違う美味しい加工商品ができるのです。また、そのままでは食用になりにくい小魚を鮮度の良い状態で加工し、食べやすい形にしてから市場に供給してもいます。

同社は「お客様のお魚下ごしらえ代行業」を掲げていますが、魚を調理する時間のない家庭のために、新鮮で簡単で美味しい商品を作ろうとしてきたのです。生産者にも消費者にも価値と満足をもたらすことを経営理念としており、いくら安くても冷凍輸入原料を使うことはありえません。同社はもう数十年前からずっとこうした取り組みを続けています。

また、「やまた水産」の向かいには「中野水産」という加工業者があり、大手コンビニ弁当の惣菜原料などを加工しています。ここも阿久根漁港に水揚げされた鮮度の良い「前浜物」を基本的な原料としており、社長自ら漁港で原料の買い付けを行っています。社長曰く、「零細な加工業は地元の漁業と一体にならないと大手業者と競争できない。しかし鮮度や品質という価値を考えたら、前浜物は輸入品よりもずっと安い」。

電話で商社から輸入原料を取り寄せるのではなく、毎朝市場で獲れたての魚を自分で目利きして選んでいる。輸入原料と違って魚種やサイズにばらつきがあり、機械処理はできないので人手をかけて加工する。そのぶんコストはかかりますが、「美味しさ」という付加価値によって地域を守ろうとする加工業者こそ信頼に値すると思います。

こうした事例こそ、これからの生き残りの道を示しているのではないでしょうか。味より簡便さ、安さを優先した加工食品作りにおいては、国内加工業者よりも海外加工企業の方が優位にあります。「ファストフィッシュ」的な商品は、早晩、海外で生産された輸入品に取って代わられるでしょう。長期的に見れば「ファストフィッシュ」で「しあわせ」になるのは国内企業ではありません。

ある大手スーパー本部の鮮魚担当者の一人は筆者にこう打ち明けたことがあります。「これまで競争のために魚を安く売ってきたが、それが行き過ぎてしまった。安いがまずい魚を大量に売ることで水産物の価値を壊している。実際、採算性の低いものをいくら売っても利益はとれない。これからは『安さ』でなく、少し高くても美味しいもの、価値のあるもの、本当の魚の良さを出せるような売り場作りを考えなくては……」

大手スーパーも、長期的に見ればマイナスとなる安易な販売戦略を反省しつつあるようです。**図29**のように、当初は増加していたファストフィッシュ選定数も、わずか一年

図 29　ファストフィッシュ選定商品数の推移
（2012.8～2014.3 に 9 回行われた公募の結果）

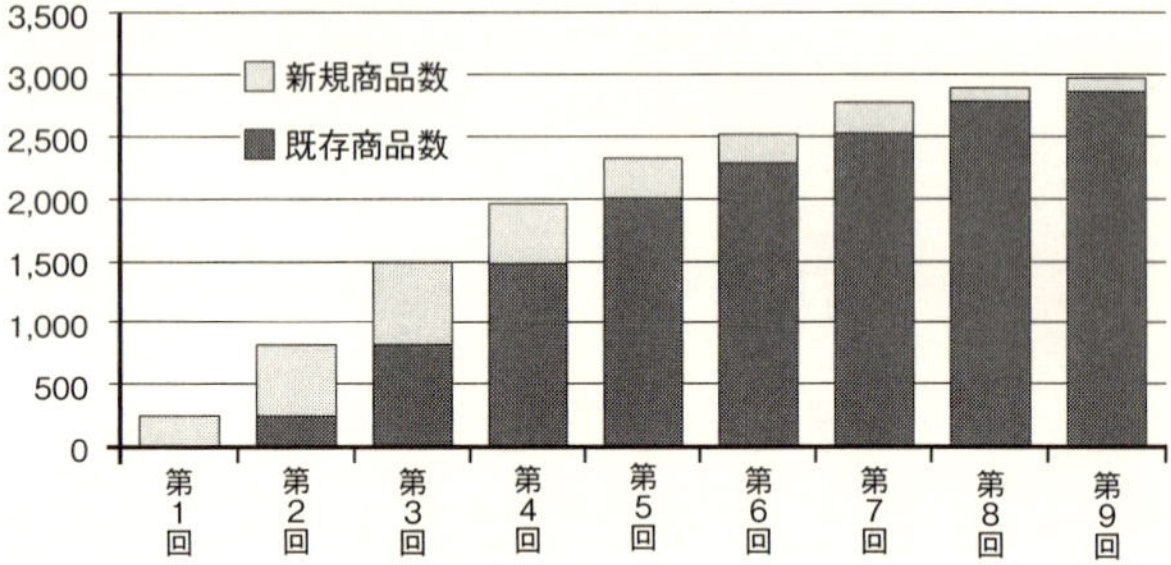

資料：水産庁「ファストフィッシュ関係資料」より作成

半で頭打ちになっています。新しく申請する企業がないのです。大手スーパーの担当者に聞いても、ファストフィッシュは一度は売れるがリピートがない、とこぼしていました。やはり魚は美味しくなければ売れないし、結局は儲からないのです。

「魚の国のしあわせ」を消費者の立場で考えれば、それは輸入魚を安く大量に消費することではありません。魚食文化を壊すような安易な「ファストフィッシュ」推進は、結局は「魚の国のふしあわせ」でしかないのです。

本質を見失った水産基本計画

日本水産業の根幹となる方針や理念を定めた「水産基本計画」の基本方針では、水産物消費に関して「水産物は、『身近な自然の恵み』であるとともに、人の健康に有用な様々な栄養成分を含んでおり、国民の健康の維持向上にも寄与するものであることを踏まえ、関係者が連携して水産物の消費拡大に取り組む」と謳っています。

また「魚離れ」の原因や消費者ニーズについては、「消費の減少は、食の簡便化等国民の生活スタイルの変化を背景として、家庭内での生鮮魚介類の利用減少の影響が大きいと考えられる。一方、消費者は、水産物の購入において、『安全・安心』であることや『品質』に対して高い関心を持っている」としています。

そして消費拡大策の柱として、以下のことを掲げています。

（1）原材料、品質、衛生管理などに関する消費者への情報提供の充実
（2）水産物の栄養特性や栄養バランスに優れた日本型食生活、そして水産業に対する消費者の理解を深めることによる魚食普及の推進
（3）HACCPやGAP（養殖生産工程管理）など水産物流通における科学的衛生管理対策の推進
（4）「顔の見える関係」を構築するための中抜き流通の拡大と流通規制緩和
（5）簡便化志向に対応した加工化やブランド化の促進

図 30　消費者が水産物を購入する際に重視すること(複数回答)

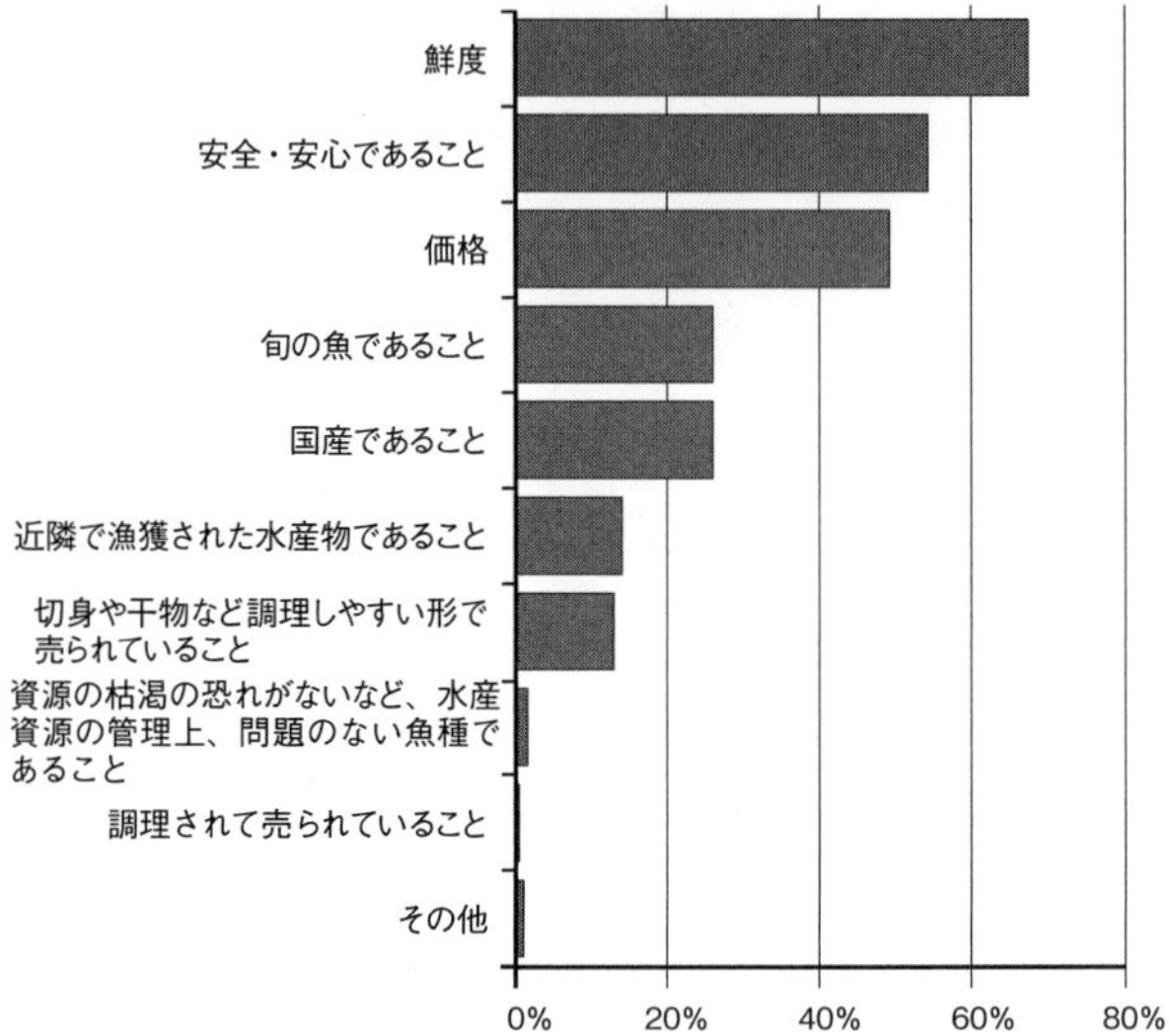

資料：農林水産省「食料・農業・農村及び水産資源の持続的利用に関する意識・意向調査」（平成23年5月公表）注：情報交流モニターのうち、消費者モニター1,800名が対象。回収率は90.3%（1,626名）

(6) 加工業への支援

(7) 輸出の促進

「魚離れ」の原因も、それへの対応も、簡便化や栄養、衛生など機能面に偏っていて、水産物の本来的豊かさ、伝統的・文化的価値にはまったく触れられていない。あまりに表面的な政策方針といわざるを得ません。

　確かに、現代の消費者は安全性に強い関心を持っています。**図30**は消費者モニター調査で、水産物を購入するときに重視する項目を順に並べたものです。

この図では、消費者は安全性よりも鮮度を重視しています。もちろん、鮮度には安全性も含まれているのでしょうが、それよりも美味しさを重視していると考えてもいいでしょう。つまり、消費者の欲求はシンプルです。美味しいものを食べたいのです。

この要求を正面から取り上げず、加工化や衛生管理、規制緩和ばかりに目を向けるのはなぜなのか。なぜ輸出が水産物の消費拡大対策になるのか。国内の消費者と漁業者のことを真剣に考えているようには思えないのです。

率直に言って、消費者はできるならファストフィッシュなどでなく、新鮮な切り立ての刺身、焼き立ての焼き魚を食べたいのが本音にちがいありません。しかし、様々な理由からそれができないので、仕方なく簡便化された加工品で我慢しているのです。

鮮度の良い安全で美味しい生鮮水産物を、時間をかけずになるべく安く食べたい――それが消費者の本当のニーズでしょう。現代の魚食を取りまく状況でそれを満たすのは容易ではありませんが、その難しい要求に真摯《しんし》に応《こた》えていくことが水産業界の責任であり、「食」の本質を取り戻す水産基本政策だろうと思います。

私は将来世代にも日本の魚食をしっかり伝え、残したいと考えています。それは規制緩和で企業の自由にさせて何とかなるものではなく、消費者である私たちが少しずつ犠牲を払って、ようやく守れるものでしょう。

日本特有の「生産・流通・消費」の構造と、伝統ある調理法が守ってきた日本の食のスタイルは、いま意識して守ろうとしないかぎり簡単に壊れてしまいます。すでに述べたように、日本という小国が食料を安定的に確保していこうとすれば、国産水産物を食べ続けることが不可欠です。これは水産基本計画でも謳われていますが、日本という国を維持していくための基本的な政策課題なのです。

そのためには国内漁業の経営がきちんと自立すること、つまり十分な漁業所得が必要ですが、それを可能にするのが消費者です。私たちだけが、国産魚を買うことで漁業者に所得をもたらすことができるのです。水産物の栄養価や機能性だけを考えれば、輸入品でもいいのでしょうが、それでは日本の漁業を守っていくことができません。新鮮な美味しい魚を食べようとすることがそのためには必要です。

こうした文化的な価値を大切にしようとすると、ある程度は、効率の悪さを覚悟しなければなりません。価格もサーモンのような輸入品と比較すれば高くなる。しかしこのような伝統的水産物こそ、将来に残すべき魚食文化を担うものなのです。

時短と簡便化が余計に魚を遠ざける

この頃は、魚離れというより、誰かに魚を取り上げられているようにさえ感じます。少し前まで魚はもっと身近で、ありのまま流通され、素直に消費され、もっと美味しいものでした。さっと塩を振ってバリッと焼き、大根おろしと醤油で食べる秋のサンマやサバの味わいは、「ファストフィッシュ」では絶対に再現できないものです。

先日、ある高校で水産物消費について話をしました。「魚の骨が喉にひっかかるから嫌です」と言う女子生徒に、「では、その骨はどうなりましたか？」と聞くと、「しばらくしたら勝手に取れました」と言う。「では、そうならないようにどうすればいいと思う？」と尋ねると、「骨を取ってから食べればよかったんですよね……」。

そんなの面倒だ、効率が悪い、と思うでしょうか。でも、ラーメンを食べる時のことを考えてみてください。熱いスープで口の中をやけどすることがありますが、だからといって生ぬるいラーメンを好むという人は滅多にいません。熱いスープをフーフーさましながら食べるからこそ美味しいのです。

魚の骨も同じで、食べる時にちょっと気をつければいい。あわてて飲み込むから喉に刺さるので、丁寧に骨を外し、よく噛んで食べればいいだけのことです。また別の学生は「私は魚が大好きですが、人前では絶対に食べません。骨がうまく外せなくて、お皿の上を散らかしてしまうから恥ずかしいのです。家の外で美味しそうな魚料理が出されると、ほんとうに悔しいです」と言っていました。

上手に骨が外せないだけで引け目を感じ、我慢して人生を過ごすのはばかげています。箸の使い方をきちんと練習するだけで、どこでも、生涯、美味しい魚を食べ続けることができるのです。箸の使い方も守るべき魚食文化の一つですが、一週間も練習すれば、誰でもできるようになります。大人の外国人でもすぐに修得していますから、子供ならもっと早く修得できる。たった一週間を面倒くさいと思わないで欲しいのです。

「骨なし魚」のような加工品を与えてことを済まそうというのは、子供の「甘やかし」であり、大人の「手抜き」です。現代の家庭は気ぜわしく、親も時間がないことは理解しますが、子供の将来のために、少しだけ時間を割いてみてはいかがでしょう。

「時短」という価値は現代人の食卓において重要になっています。好きな魚を選んで買い、家で調理する時間があれば一番ですが、それは現実には難しいことです。ならば「美味しさ」と「時短」の妥協点を探っていくことが必要です。

一つは、店内できちんと調理された惣菜を買うことです。最近はどのスーパーでも惣菜売り場に力を入れていて、焼き魚や煮魚なども本格的なものがあります。外部の惣菜工場から仕入れた安価な出来合い品ではなく、高鮮度の素材を店内で調理して提供するスーパーも増えています。少し高くはなりますが、家で調理するよりも美味しい作りたての魚料理が気軽に買えるのです。

財布に余裕のあるときには、職人のいる店で外食することも一つの妥協点でしょう。

先日、学生と一緒に調査に行った帰り、ある魚料理の店に立ち寄りました。学生にも本物の魚を知ってほしいからです。普通なら刺身にしかしないような、その日に獲れた鮮度ピカピカのレンコダイを焼き魚にして食べました。調理場が見え、注文してからウロコを取り、きれいに内臓を取り、身が押しつぶされないように丁寧に金串を打って塩を振り、尾頭つきでじっくり焼き上げる手つきが鮮やかでした。

カラリと焼き上げた身はふわりとして癖がなく、実に上品な味わいです。骨のきつい魚ですが、学生たちが口もきかずにしゃぶり尽くしたのは単純に美味いからです。

決して高級店ではなく、学生が払える値段で本物の魚料理が食べられ、手軽に豊かな心持ちになれるお店です。支払ったお金以上の満足感を与えてくれるので、また次の機

図31　日本チェーンストア協会会員企業の売場面積と総販売額推移

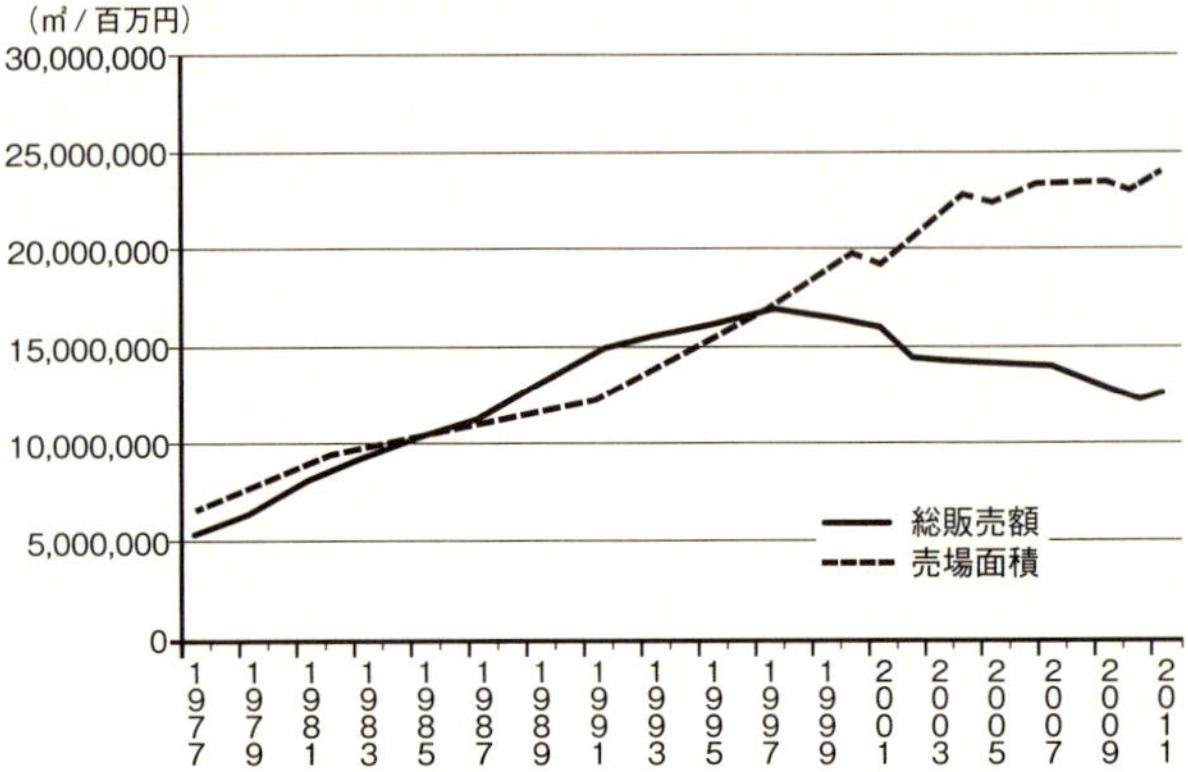

資料：日本チェーンストア協会「販売統計」より作成

会が待ち遠しくなります。鮮度のいい材料を使った本格的な水産惣菜と、本物の味を楽しめる価値ある外食は、日本の魚食文化を支える柱になるはずです。

つまらなくなった大手スーパーの鮮魚売り場

筆者のこのような意見に対して、反論もあることでしょう。

「理想はわかるが、今の消費者はそこまで魚食に思い入れがあるわけではないでしょう。名称はともかくとして、最終的にはファストフィッシュ的な食品を好む人が増えていくのではないか」

確かにハンバーガーなどのファストフードの隆盛や、ファミリーレストランの増殖ぶりを見れば、そのような絶望感を抱くのもわからなくはありません。しかし、実は消費者はそこまで「堕落」はしていないのではないか。筆者はそう見ています。スーパーでの売れ行きを分析していくと、そこには一筋の光も見えます。

図31は日本チェーンストア協会に所属する有力スーパーの売場面積と総販売額の推移を示しています。一九九〇年代後半から総販売額は低下傾向にありますが、売場面積の拡張傾向は一向に止まっていない。売れないのに店を広げるのはなぜでしょうか。

競争が激化していることがその理由です。売っている商品自体に大差はないので、ほぼ全面的な価格競争が繰り広げられてきた。価格を下げるには、販売するアイテムの数を絞り込み、その分、同じ商品を大量に売ることが有効です。仕入れや物流などのコストが削減できるからです。また大量に販売するためには店舗を増やし、売り場を拡張するしかありません。

こうして大手スーパーは決して利益の出ない大規模化競争に突き進んできました。その結果、スーパーで売られている商品の多くは、全国で画一化されています。刺身ではマグロやスルメイカ、カツオタタキ、サーモン、養殖ハマチやカンパチ、養殖マダイなど。丸魚はアジやサンマなどの青魚とイサキ程度。切り身は塩ザケ、塩サバ、タチウオ、カレイそして養殖ブリなど。後は解凍したエビとイカ・タコ類。夏にイサキやウナギ、冬場にはタラ類やアンコウ、正月前にエビやタコ、イクラやカズノコの販売面積が拡大する程度で一年中ほとんど変化がありません。

特に大手スーパーでは魚売り場の大部分がこうした「定番品」で固められ、無個性化しています。缶詰やレトルト食品の売り場と同じように、常に安定した小綺麗で画一的な売り場になっています。

コスト削減は当然ながら人件費を圧縮することでも進められます。標準的な規模のスーパーの鮮魚売り場は通常二、三人の正社員しかおらず、長時間営業の間、彼らが交替でパートタイマーと協力しながら作業をやり繰りしているのです。慢性的に人手が不足した状態です。

スーパーにとっては食中毒を起こさないことが最も重要なので、作業場はクリーンに保たれています。入れ替わりが激しく専門知識のないパートタイマーでも安全性が保てるように、常にまな板や包丁などの調理器具を消毒しており、魚の匂いよりも消毒薬の匂いがするほどです。

数少ない社員も水産物のプロフェッショナルとまではいかない場合が多く、パートタイマーも含めて知識も技能も不十分なことが多いので、マニュアルと本部バイヤーやスーパーバイザー（本部から各店舗を視察して回る監督者）の指示に頼って、なんとか売り場の水準を維持しています。

そのような売り場では、卸売市場流通が扱うような、マニュアル化できない多種多様な魚種は扱いきれません。個別対応が必要な魚は、高コスト要因として排除されることが多いのです。築地のある荷受の話では、鮮度の良い魚が大量に入荷したので、大手スーパーのバイヤーに勧めたところ、「その魚はコード番号がないから買えない」と言われたそうです。スーパーの多くは仕入れや販売を魚種ごとのコード番号で管理しているので、コード番号を与えられていない魚はそもそも扱えないのだそうです。

さらに近年は必要以上の安売りが問題になっています。ブリの切り身やカンパチのサクなどは、よく新聞折り込みチラシの特売商品として見かけるでしょう。しかし、以前は特売日だけだった安売りが、日常的に行われるようになっています。

私たち消費者にとってはありがたい話ですが、そう単純な話ではありません。スーパー自体が身を切るような努力をして安売りしているならいいのですが、多くの場合、仕入れ価格を引き下げることで安売りを実現しているのです。

もちろん、大手スーパーの全国標準的な水産物売り場が身近にでき、手に入りにくかった新鮮な水産物を食べられるようになった地域もあります。新しく開発された大都市のベッドタウンや地方都市の周辺部など、古くからの商店街がなく、買い物に困っていたような地域では、大手スーパーの進出は大いに歓迎されました。

こうした新しい住宅地には若いファミリー層が多く、日用品の購買意欲が高い。大手スーパーにとっても十分な集客が期待できるので、出店は魅力が大きいのです。グローバルな調達能力を生かし、国内外からある程度満足のいく鮮度と品質の水産物が集められ、かなり安く売られてきました。その利便性については評価できます。

その売り場を象徴するのが、ここでも輸入養殖サーモンです。刺身コーナーでも切り身コーナーでも、寿司売り場でも広い場所を占めています。養殖サーモンは徹底的に規格化され、サイズも色彩も脂肪の含有量も自在にコントロールできます。安くて規格性の高い安定した水産物は大手スーパーのオペレーションによく適合し、コストダウンに大いに貢献しています。要するに、最もよく売れる魚の一つ、稼げる商品なのです。

食品スーパーが伸びている理由

図32　小売業態別にみた食料品販売額シェア

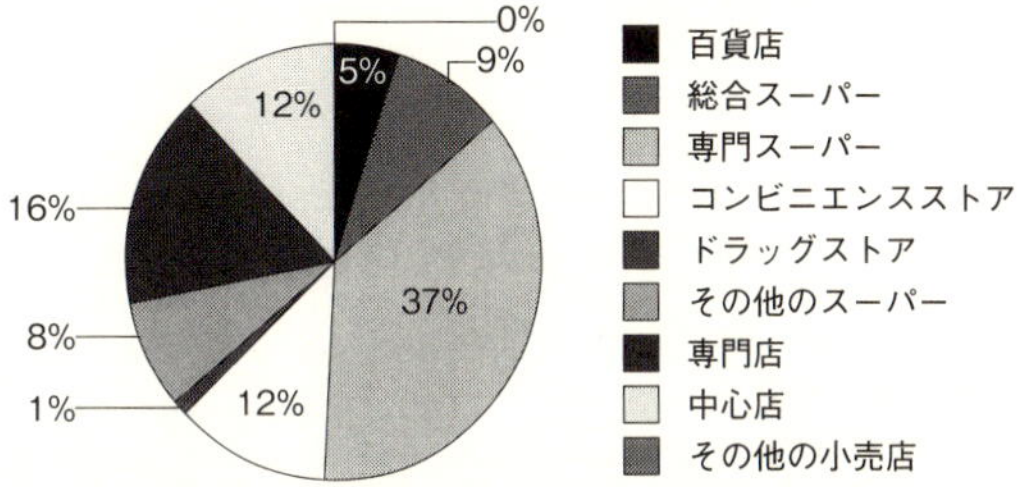

資料：経済産業省「平成19年商業統計」より作成

さて、このような大手スーパーの売り場が強い支持を得て、人気が高まる一方だというのであれば、ファストフィッシュ化が進行するのもやむなしと言えるかもしれません。が、どうやらそうとも言えないようなのです。

図32は最新の「商業統計」から作成した、小売業態別の食料品販売額に占めるシェアを示したものです。大手の総合スーパー（イオンやイトーヨーカドーなど、衣食住に関わる生活用品すべてを販売する業態、GMSと略される）のシェアは9％程度しかなく、近年伸びていません。また、全体の売り上げも二〇〇七年には一九九九年の84％まで低下しており、客離れが進んでいる傾向が見られます。

一方、これまで大手に押されてきた、地方を中心に展開する専門スーパー、つまり食品スーパー（食品を中心的に扱う小規模な地域的スーパー、SMと略される）が息を吹き返しています。地域密着型の売り場作りで人気を取り戻しつつあるのです。食料品販売に占める食品スーパーのシェアは約37%と、業態別ではダントツです。全体の売り上げも同期間で100%を上回っており、大手スーパーとは対照的です。

食品スーパーは店舗数が少なく、小回りの利いた経営が可能です。また水産物の取扱いにも地域的、個性的な取り組みがよく見られます。例えば香川県高松市を中心に展開する「新鮮市場きむら」は、個性的な鮮魚販売で消費者を惹き付け、高い業績を挙げています。

店頭には大手スーパーでは見られない大きなサワラやブリの丸魚もあれば、雑魚《ざつぎょ》として捨てられそうな瀬戸内海の小魚も。活魚槽ではタコやガザミなどがうごめいていて、いずれも地場産が中心です。数名のプロフェッショナルが威勢の良い対面販売とその場での調理を行っています。つまり、鮮度感たっぷりの売り場です。

仕入れは各店舗の鮮魚売り場マネジャーそれぞれが別々に高松の消費地卸売市場に赴き、自分の店舗で売りたい魚を自ら選んで仕入れています。一見、無駄が多いように思えますが、それぞれの店で異なるお客さんに対して、きめ細かい対応を徹底しようとすれば当たり前のことです。当然、人件費は上がりますが、「その分お客さまのニーズに合う魚、欲しい魚が仕入れられます。その結果、集客と売り上げが向上すれば十分に採算が取れる」と木村宏雄社長は言います。実際に同社の鮮魚販売業績はうなぎ登りです。

大手スーパーのように本部が一元的に仕入れを行うと、不特定多数の顧客を対象とした、焦点がぼやけた仕入れになりがちです。データに頼り、人間的な部分が見えてこないのです。しかし食品スーパーは商圏が狭いため、地元の固定客を対象としたビジネスでなくてはなりません。それを忠実に行うことで、魚が売れているのです。

本部が売りたいものを売らされるより、自分が売りたいものを仕入れて自分で売る方が、現場の士気が高くなります。売りきろうと努力もするし、店頭でのお客さまへのサービス向上も怠りません。企業ではなく、自分の売り場なのです。

同社では、消費地卸売市場で売れ残ってしまうような小型の雑魚を買い集め、惣菜に加工して販売したりもしています。瀬戸内の人たちは昔から小魚が大好きですが、小魚の処理には手間がかかる。調理の手間で商品価値を高めているのです。

他方、卸売市場や生産者にとって、小魚にいくらかでも価格がつくのはありがたいことです。同社は卸売市場や地場産地との関係を深め、その地域性を強みとしながら、商店街の魚屋的なビジネスモデルを、スーパー業態に導入しているといえます。

もう一つ紹介しましょう。北九州市に本社のある「ハローデイ」も、鮮魚販売では全国的に名高い食品スーパーです。地元卸売市場から仕入れる品揃えには目を見張るものがあります。さらに特筆すべきは調理加工度の高さで、一つの素材を幾通りにも加工し、メニューを提案しています。好きな魚をその場で寿司や天ぷらにしてくれるサービスもある。鮮魚を右から左へ流すことで儲けようとするのではなく、お客さまの望むサービスを店頭で行うという付加価値を売りにしているのです。

やはり人件費は高くなりますが、大手スーパーが徹底的に人件費を削減することで利益を高めようとしてきたのとは逆に、あえて人件費をかけることで消費者の食卓に近づき、付加価値を高めようとしています。同社も増収増益を続けており、近隣の大手スーパーに少しも負けていません。

こうした元気な食品スーパーを支えているのが、仕入れ元の消費地卸売市場です。ここで紹介した二社の例でも、卸売市場流通と食品スーパーが協働し、地産地消型の価値ある水産物流通・消費を実現しています。低価格だけが消費者ニーズではないのです。

地産地消型が難しい首都圏でも、鮮魚売り場が人気の食品スーパーがあります。例えば、埼玉県を中心に展開している「ヤオコー」は主として築地市場から仕入れながら、それだけでなく、全国三五の漁港にある産地卸売市場と連携し、そこで毎朝水揚げされる中から面白そうな魚種を直接仕入れています。東北出身者が多い地区では東北方面からの仕入れを増やすなど、細かな顧客ニーズにも応えようとしている。卸売市場流通の良さを生かした売り場作りをしているのです。

好きな魚や鮮度のいい魚を食べたいという水産物に対する本来的な欲求に応えるには、こうした協働がどうしても必要になります。それは無駄な、削れるコストではなく、高い付加価値を生み出す創造的なコストと考えるべきものでしょう。

無駄や重複を避けることと、付加価値を生み出す機能まで排除することはまったく別ものです。低コストを目指して水産物の価値まで下げたのでは本末転倒です。

卸売市場がスーパーの「問屋」になる日

食品スーパーの頑張りや、卸売市場流通との協働の成功は、将来の水産物流通に大きな示唆をもたらすものです。しかし既に消費地卸売市場（以下、卸売市場）の経由量は大きく減少し、荷受や仲卸など卸売市場関連業者の収入は減少し、経営は厳しくなっています。

地方行政も財政難で、これら卸売市場を支えきれないケースが出てきました。そこで財政に負担をかけずに卸売市場関連業者の経営を維持するために、思い切った規制緩和が進められました。二〇〇四年の「卸売市場法」改正です。

この改正によって、卸売市場の公益性や安定性を確保するための様々な規制が大きく緩和され、生鮮食品の流通が自由競争にさらされることになりました。それぞれの業務内容も自由になり、荷受と仲卸の垣根が取り払われました。セリが行われないケースも出てきており、卸売価格への信頼性も低下しています。

他方、退潮傾向にあるものの、大手スーパーは一企業としてはやはり巨大であり、生鮮食品流通に対しても強い影響力を持っています。規制が緩和され、行政の関与が薄まれば、大都市における卸売市場はこうした巨大企業を中心とした、単なる企業間取引の場となることも考えられます。

大手スーパーは業績が悪化すると、仕入れ先に対して効率化要求をさらに強めます。利益確保を売り上げ拡大で実現できないので、仕入れを含めた経費削減で実現するしかないからです。そうなれば、大手スーパーのコストカットに協力する卸売市場が、選択的に利用されて生き残っていくという可能性もあります。

その結果、手間のかかる多様で複雑な水産物はなるべく上場させず、面倒くさい競売もなるべくやらないで、大手スーパーが注文する定番商品ばかりを大量に扱う卸売市場も出てくるでしょう。卸売市場経営の合理化は一気に進みますが、それはもはや卸売市場ではなく、問屋です。経営の自由化はこのような卸売市場関連業者の問屋化を招いており、市場外流通との違いをなくしつつあるのです。

公益的な社会インフラだった卸売市場流通が、大手スーパーの下請け化することも十分にあり得ます。全体がそうなると、生鮮水産物の流通機能は弱体化し、長い目で見れば国内市場の消費力は弱まっていきます。漁業への影響はきわめて大きいでしょう。

全ての卸売市場がそうならないようにするには、市場を経由した生鮮水産物がきちんと評価され、売れていく場を拡大することしかありません。卸売市場流通と協働しながら地場産品や国内品を上手に売っている食品スーパーの発展が、その足掛かりとなるのではないでしょうか。私たち消費者も、地場産や国産の美味しい魚を販売するスーパーを選んで買い物をすることで、未来の魚食に貢献できるはずです。

9　認証制度の罠

ラベルや認証による差別化に意味はあるのか

「ファストフィッシュ」の他に、スーパーの売り場で目立つトレンドが認証ラベルです。「MSC」「マリン・エコラベル」「HACCP」「トレーサビリティ」など新しい認証制度が増えています。**表2**はその概要を示したものですが、どれも海外から導入されたもの、あるいはその模倣となっています。

これらはスーパーにおいて、差別化商品作りに一役買っています。例えばイオンではMSC認証商品をPBであるトップバリュ商品に組み込み、販売拡大を図っています。これら認証制度は、特徴的な売り場作りが難しい大手スーパーにとって、他のスーパーチェーンとの差別化を図るよい手段なのです。

しかし、筆者は、こうした制度に意義を見出せません。

MSCとはMarine Stewardship Councilの略で、一九九七年にイギリスで設立され

表2　食品に関する認証制度や管理制度の概要

	内容	普及状況
MSC認証	水産資源や環境に配慮している漁業かどうかを審査し、認証する国際的制度。民間団体が運営し、世界自然保護基金がサポート。	全世界で240漁業、日本は2漁業が認証されている。商品数は世界で23,000、日本では200程度。イオンが積極的に導入。
ASC（水産養殖管理協議会）認証	MSC認証の養殖業版。同様の認証システムを持つ。	まだスタートしたばかりであり、普及は進んでいない。現在5魚種で認証製品が販売されている。
マリン・エコラベル認証	MSC認証と同様の目的で、大日本水産会が中核となり日本の漁業者のために始めた認証制度。	日本国内の22漁業、48加工業者が認証されている。
HACCP認証	発生する恐れのある危害を分析し、重要管理点を定め、これを監視することにより食品の安全を確保する衛生管理手法。FAOとWHOの合同機関である食品規格委員会が採用を推奨している。	厚労省は平成24年3月時点で740箇所の食品製造工場を認証している。水産加工工場は少ない。他に自治体や民間の認証工場もある。
トレーサビリティシステム	生産・加工・流通の各段階で商品の入荷と出荷に関する記録を作成し、食品事故があったときに移動経路を特定して原因究明や商品回収を円滑に行うシステム。	EUや米国では食品全般を対象としてトレーサビリティ制度を義務づけている。日本では米と牛肉に関して義務づけられており、食品全体でも推奨されている。

資料：MSCのHP（http://www.msc.org）、ASCのHP（http://www.asc-aqua.org）、マリン・エコラベル・ジャパンのHP（http://www.melj.jp）、食品産業センターのHP「HACCP関連情報データベース」（http://www.shokusan.or.jp/haccp/basis/）、農林水産省のHP「トレーサビリティ関係」（http://www.maff.go.jp/j/syouan/seisaku/trace/）、農林水産省「平成18年度食品産業動向調査報告（食品小売業における「食の安全・安心システム」の導入状況）」を参考にして作成

た海洋管理協議会のことです。ここが定める基準にもとづいて第三者の認証機関が二年にも及ぶ長期間の審査を行います。その結果、その漁業が水産資源を減らさないように持続的に利用し、正しい資源管理のルールを厳しく守っている場合に、認証が与えられます。そしてMSCのラベルを商品に貼ることができるという仕組みです。

ラベルによって「環境に優しい商品」と店頭でアピールすることができるのはよいことなのですが、逆にラベルのない商品が「環境に良くない商品」であることも暗示してしまいます。しかし、実際にはそんな単純な話ではないのです。

背後にグローバルビジネスの影

認証制度の背後にはグローバルビジネスの影が見え隠れしています。MSCは今はNPOとして活動していますが、そもそもは多国籍アグリビジネス企業であるユニリーバ（冷凍魚の貿易量でも世界有数である）と、野生生物保護団体であるWWF（世界自然保護基金）が作ったものです。

ユニリーバは自社の重要な取扱商品である水産物の資源が減少すればビジネスが成り立たなくなるので、資源管理を重視するのは当然です。しかし、自社が率先して資源利用のルールを設定し、世界標準化することで、今後のビジネスを有利に展開したいという意図がうかがわれます。ＷＷＦは野生生物を保護する立場ですから、規制を強める制度には大賛成です。相反するように思える立場の両者ですが、どちらも今のところＭＳＣからメリットを得ることができているわけです。

第三者機関に支払う認証料が高いことも問題です。漁業の規模にもよりますが、数百万円はかかるようです。零細な日本の沿岸漁業者は支払えず、認証を得ることでそれなりの儲けが確実視できる大規模な漁業しか、対象にならないのです。先祖代々引き継いでいる小さな漁場で、良質な魚をとっていても、お金を払わなければ「安全です」というお墨付きはもらえない。そんな状況はどこか変ではないでしょうか。先ほど、単純な話ではないと申し上げたのは、こうした裏があるからです。

資源や環境に良い取り組みを行っている漁業すべてが認証されているわけではないということです。このラベルがなくても、もっと厳しく資源管理を行っている漁業はたくさんあるのです。

認証料金の使途についても問題が指摘されています。有力な水産業界紙が、アラスカのサケ漁業が、認証から一時離脱した（二〇一三年に再認証）ことを報じています。報道によれば、「ＭＳＣの資金的な流れが不透明で、水産物消費自体に反対する環境団体に一部が流れているのではとの声も挙がっていた」といいます。

認証審査の公正性も疑われています。北海道新聞（二〇一四年七月五日夕刊）によると、アラスカのスケトウダラ漁業者団体は、ライバルであるロシアのスケトウダラ漁業者団体がＭＳＣに提出した審査書類の内容が明らかに不自然だと指摘しています。

トレーサビリティは早くも形骸化している

次に、トレーサビリティシステム（生産者や生産地、使用した餌料や薬品などの生産履歴を商品から追跡調査できる仕組み）も、大手スーパーの差別化手段として利用されてきました。法律では米と牛肉で義務づけられていますが、養殖魚などでは早くからこの制度が導入されています。当初は食料品売り場のバーコードリーダーに商品をかざし、生産履歴をチェックしてみる消費者の姿も見られました。

しかし、スーパー関係者に聞くと、今はほとんど利用されておらず、販売促進にも効果はないといいます。多大なコストがかかるわりには、提供される情報が消費者にとってほとんど意味のないものばかりだからです。

消費者にとって重要なのは魚種名と産地ぐらいなのですが、それらはすでにJAS法（農林物資の規格化及び品質表示の適正化に関する法律）に基づいてラベル表示されています。トレーサビリティシステムが提供する生産者名、ロット番号、漁場、養殖に使用した餌や薬品などの情報は、消費者には専門的すぎて意味がないでしょう。

そして、その真偽も確かめようがありません。二〇一三年に大手スーパーのPB商品で米の産地偽装問題が話題になったことがありました。コンプライアンスに厳しいはずの大手スーパーでさえ、絶対的に信用できるものではないのです。これは人間が運用しているシステムである以上は避けられないことです。

結局、食品の安全性は流通業者のモラルに依存していて、いくら規制や制度をこしらえても、信頼できる流通業者がいなければ、食の安全は成立しないのです。

「安全・安心」は生鮮食品において不可欠ですが、私たちは普段、スーパーの店頭に危険なものなど売っていないことを前提に買い物をしています。流通業者や小売業者を信頼してきたのです。そしてほとんどの場合、裏切られたことなどありません。安全性は何も特別なものではないのです。

そこにあえて安全性を謳う商品が並ぶと、その他の商品が安全ではないような印象を与えます。不安を煽り、これまで日本の食品流通業界全体がもっていた信頼をわざわざ壊すことにもつながりかねない。利己的な認証ビジネスは、水産物消費を拡大することにはならないと思います。

どの魚も、〝ありのまま〟で素晴らしい食品です。卸売市場では、毒のある魚はきちんと排除していますし、鮮度には十分に気を配っています。お金を払って誰かに認証してもらわなければならないことなど、そもそも日本の漁業生産物にはないのです。

もちろん卸売市場を経由する魚は膨大ですから、ごくたまにミスもあります。少し前に、スーパーで売られていた豆アジにクサフグが混入していたケースがありました。しかし、こうしたミスはいかなる制度によっても防ぎきれません。

唯一こうした事故を防ぐことができるのは、現場で魚を扱う卸売市場や小売業者の目と判断力です。このケースでは、最終的にパック詰めしたスーパー担当者の質が問題です。制度ではなく人間こそが安全性を確保するのであって、流通や小売の現場に有能な人材を配置するコストを削り、認証制度を導入するのはお門違いだと思います。

このケースでは幸い健康被害は起きませんでしたが、そもそも日本人ならアジとフグの違いぐらいわかります。調理する際にフグが混じっていたら捨てるでしょう。それさえ判別できないとしたら、もはや水産物流通の問題ではありません。

また最近、シラス干しの中にクサフグの稚魚が混入していたことで回収騒ぎもありましたが、明らかに過剰反応です。シラス干しに混じるクサフグの稚魚は虫眼鏡でないと判別できないような小さなもので、混入したものを食べたぐらいで健康被害はありません。

報道も消費者も食品の安全性について過敏になりすぎているようですし、まったく魚の知識もない消費者が増えていることの方が問題でしょう。

ほとんどの漁業では資源の管理もきちんとされ、重大な環境問題も起こしていない。卸売市場流通に関わる方々は専門的知識に優れ、高鮮度流通に長けたプロばかりです。その技能やモラルは十分に信頼に足るもので、少なくともこれまで「ユッケ事件」のような流通の不衛生さに起因する事故は起きていない。魚の品質が低くて困っているわけでもないし、これまでの生産と流通を変えなければならない理由はどこにもありません。むしろそれを洗練することの方が「安全・安心」の確保には有意義だと思います。

10 食育に未来はあるのか

二〇代は六〇代以上の四分の一しか食べない

実は消費者は、画一的な魚売り場に飽きているのではないか。本当はもっと多様な魚を食べたいと思っているのではないか。そのように述べました。これに対しては、次のような疑問を持つ方もいらっしゃることでしょう。

「いや、それはあくまでも中高年の話で、若い人は実際に魚から離れているはずだ。だから良し悪しは別として、ファストフィッシュのような発想が出てきたのではないか」

この意見はかなり鋭いところを突いています。総務省の「家計調査年報」（二〇一二年）によると、家計において最も多く生鮮水産物を消費しているのは七〇代以上（世帯主年齢）の世帯です。**図33**を見ると、一人当たり年間およそ15・5キロを消費しているのに対して二〇代世帯は約3・4キロと、その四分の一以下しか消費していません。五〇代を分水嶺《ぶんすいれい》として、それ以上は魚をよく食べる世代、それ以下は魚をあまり食べない

図33　世帯主の年齢階級別、生鮮魚介1人当たり年間購入量
(2人以上の世帯)

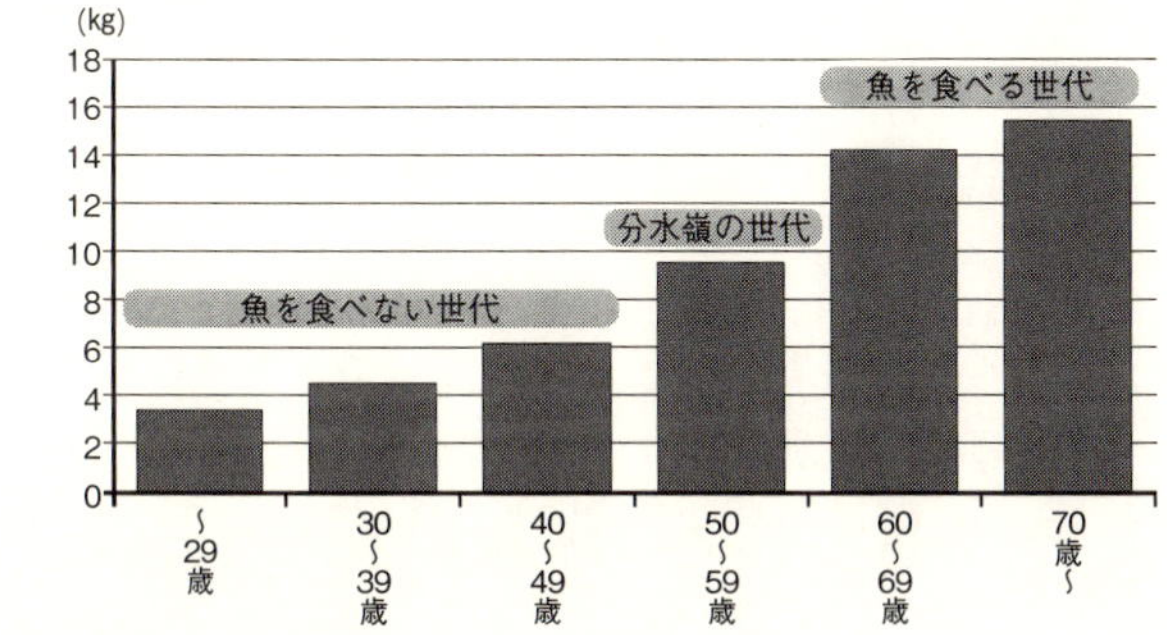

資料：総務省統計局「家計調査年報平成24年」より作成

世代と言っていいでしょう。

六〇代以上の世代は、子供の頃から魚の料理に親しんできた世代と言えます。家庭の台所や魚屋の店頭、そのまた上の世代からいろんな薫陶《くんとう》を受けてきた世代です。この年齢のお母さんたちは、自分で目利きをし、欲しい魚を的確に選び、美味しく調理することができる。ですから、この世代の水産物消費は急には落ちません。

しかし、四〇代以下の世代はスーパー全盛期の時代に育ち、日常生活の中で水産物の種類や調理方法について学ぶ機会が乏しかったと推測されます。知らないものにお金は払えませんから、どうしてもサーモンや解凍マグロなど、定番商品ばかり購入するようになってしまいます。同じものなら価格が安いものを選ぶでしょうし、認証やブランドなどがついていれば、それに頼りがちです。

そうした消費者行動は当然スーパーの売り上げに反映され、消費者のニーズと捉えられ、仕入れや売り場作りに生かされる。かつての社会教育機能は期待できません。

では、若い世代が水産物について学んでいくにはどうすればいいのか。

単純なようでも、やはり自分で魚を買って、料理して、食べてみるしかないと思います。その経験を積むことは難しそうですが、手助けしてくれる人たちがいます。優良な小売店（スーパーを含めて）の職人的な店員たちです。

例えば、「角上魚類」が好例でしょう。新潟を拠点とし関東地区で展開する大型鮮魚専門小売チェーンです。同社の店舗当たりの売り上げは鮮魚専門店として国内最大です。この店に一度行くとわかるのですが、とにかく「面白い」のです。対面販売による消費者とのコミュニケーション、その場での調理サービス、調理のアドバイスなど、単に魚を買うだけではない価値を消費者にもたらしている。見て歩くだけでも魚の種類の多さや鮮度感に圧倒される、楽しい売り場なのです。休日ともなると中高年から若い家族連れであふれ、その場で魚について知ることができるようになっています。

豊富な品揃え、季節感、鮮度感、対面販売。鮮魚販売としては当たり前のことなのですが、そのことが売り場への信頼をもたらし、リピーターを生み、最終的に「角上魚類」自体が「ストアブランド」になっているのです。

もう一つ紹介しましょう。東京の世田谷を中心に展開する「オオゼキ」です。そう大きなスーパーではありませんが、鮮魚売り場は他のどのスーパーとも違い、まるで魚屋の店頭です。

高松の「新鮮市場きむら」もそうでしたが、ここも本部一括仕入れではなく、非効率的でも店舗の人間が売りたい、面白いと思う魚をその日に売り切れるだけ仕入れています。マニュアルがなく、その日の仕入れによって豊富な種類が少しずつ並んでいるので、魚好きの消費者から見たら宝探しみたいな売り場です。お客さんは、魚を眺めて店員と話をしながらメニューを決めることが多いといいます。

どんな商品でも、消費者に直に向き合い、営業（対面販売）することで購買意欲を刺激し、売り上げを拡大することができるのは小売業だけです。加工品、畜肉、輸入水産物に流れた消費者心理を、国産水産物に引きもどせるのは小売業者しかいません。

では、どうやって売り場を活性化すればよいのか。「角上魚類」や「オオゼキ」のようなストアブランドがたくさん出てくればありがたいことですが、それがなかなか難しい。

スーパーの鮮魚売り場は、これまで不採算部門と言われてきました。魚に興味も知識もない職員が担当することも多く、ともすれば質の悪いものを安く仕入れて安く売る、というディスカウントショップのような粗っぽい商売が横行しています。さらに、魚を処理するためのバックヤード、水道設備、冷蔵庫や冷凍庫などが必要で、電気代などの維持コストも大きい。利益率を大きくして高く売らないと採算が取れない上、売れ残って廃棄となれば、さらに採算が合わなくなってしまいます。

多くのスーパーで採算がとりにくい部門と位置づけられる鮮魚売り場を強化するという発想は、簡単には受け入れられないでしょう。しかし、これまで紹介してきた成功例に共通しているのは、コスト以上に魚がよく売れているということです。それを支えているのが専門的な人材です。新鮮で多様な魚を揃えて見せる、店頭での対面販売サービスをきちんとする、それがもたらす魚の味と豊かさが買われているのです。

逆に、多くのスーパーが水産物販売に自信を持てないのは、そうした専門的な人材が不足しているからです。前述の「ハローデイ」にしても、業績が好調なわりに新規出店のペースが上がらないのは、鮮魚売り場を任せられる人材育成が追いつかないからだといいます。それだけ鮮魚売り場に力を入れていることの表れだとも言えます。

多店舗展開している大型スーパーでは、より深刻です。規模が大きいほど多数の人材確保や養成が必要だからです。この点ではローカルな小規模スーパーのほうが人材を確保しやすく、売り場で差別性を生み出しやすいと言えます。「オオゼキ」や「新鮮市場きむら」などはその典型的事例でしょう。

水産学部で教える一人として、水産業の生産、流通、小売の現場をよく知り、日本の魚食を守り続けられる人材を社会に送り出す責任を感じています。

筆者の勤務する大学の近所には、二つのスーパーがあります。規模の大きなスーパーは、鮮魚売り場は定番品と冷凍品が多いのですがとにかく安い。他方、小規模なスーパーは鮮魚専門のプロが対面販売に立ち、少々高いが良い魚を置いている。毎日、卸売市場から仕入れた天然魚を中心に売り場を作っているので品揃えに変化があり、飽きません。

それぞれ異なる経営コンセプトを持ち、同じ商圏の顧客を奪い合っていますが、結局はその地域の消費者がどちらを支持し、どちらで多く買い物をするのかが生き残りを決めます。何気なく行っている日々の買い物ですが、ある種の投票行動でもあり、それが産地も含めた将来の日本の魚食構造を決めていくのです。スーパーにも頑張ってほしいですが、消費者の責任も重大です。

間違いだらけの食育基本法

近年、食生活の乱れと劣化を改善しようと、「食育」活動が自治体や教育現場で広がっています。二〇〇五年に公布された「食育基本法」がその中心です。そこでは、「食育」とは「『食』に関する知識と『食』を選択する力を習得し、健全な食生活を実践することができる人間を育てる」ことと定義されています。

しかし、この法律は問題だらけなのです。まず、前文はこう述べます。

「社会経済情勢がめまぐるしく変化し、日々忙しい生活を送る中で、人々は、毎日の『食』の大切さを忘れがちである。（中略）豊かな緑と水に恵まれた自然の下で先人からはぐくまれてきた、地域の多様性と豊かな味覚や文化の香りあふれる日本の『食』が失われる危機にある」

そして、「栄養の偏り、不規則な食事、肥満や生活習慣病の増加、過度の痩身志向などの問題」が発生している、とも指摘します。

確かに、二四時間営業は今やファミレスだけではなくハンバーガーや牛丼チェーンにも拡大し、他方では栄養バランスなど無視した過激なダイエット方法が流行しています。しかし、法律は「食」の問題を個人の責任として、教育に解決を押しつけるようなものになっている。現代のライフスタイルを問題としながら、その理由を明らかにし、対策を講じようとはしていないのです。

また、「新たな『食』の安全上の問題や、『食』の海外への依存の問題が生じており、『食』に関する情報が社会に氾濫する」と述べています。

さらに、「健全な食生活を実現することが求められるとともに、都市と農山漁村の共生・対流を進め、『食』に関する消費者と生産者との信頼関係を構築して、地域社会の活性化、豊かな食文化の継承及び発展、環境と調和のとれた食料の生産及び消費の推進並びに食料自給率の向上に寄与することが期待されている」という。食の海外への依存、都市と農漁村、食文化、食料生産の維持と自給率向上まで考えて、国民は学び、行動せよ、とこの法律は言うのです。しかし、これらは個人の取り組みで解決できるようなものとは思えません。そもそも理念なき食料政策の結果ではないでしょうか。

そして第十三条では、「国民は、家庭、学校、保育所、地域その他の社会のあらゆる分野において、基本理念にのっとり、生涯にわたり健全な食生活の実現に自ら努めるとともに、食育の推進に寄与するよう努めるものとする」と書かれています。

あくまで自発的に、というのが理念法としての建前でしょうが、全国的にやれ、親がきちんとしろ、学校もやれ、農山漁村を守るように行動しろ、一生やれ、自給率を上げろ——と言われても、少々虫がよすぎる気がします。

食育基本法が施行されたことで、内閣府、文部科学省、厚生労働省、農林水産省に予算が割り振られ、自治体や教育界はいっせいに「食育」事業に取り組んできました。そのすべてが無意味とは思いませんが、中には首をかしげたくなるものもあります。

例えば、生産者が販売まで行うことで経営改善を図る「六次産業化」、深刻な地域問題になっている廃棄物利用なども「食育予算」に含めていますが、この際「食」に関するものなら何でも取り込んで予算づけしてしまえ、というように見えます。

企業も「食育」を利用し始めました。学ばないと安全な食料が手に入らない、という幻想を作りだすことでビジネスチャンスを広げているのですが、ハンバーガーチェーンすら「食育支援」を謳うのには、失笑してしまいます。

安全な食料を生産、流通させるべく正しい規制を設け、監督することで国民の健康と食生活を守るのは、行政の責務でした。しかし今や食品の安全・安心は食品行政が公的に保証するものではなく、消費者が企業に対価を支払うことで買うものとなりつつあります。消費者は、規制緩和と食品輸入自由化というグローバリゼーションの大海に「食育」という浮き輪とともに投げ出されている格好です。

そもそも日本の小売店で普通に売られている生鮮食品はすべて安心だし、美味しいものを探していれば、自然と鮮度が良く健全な食品に行き当たります。少なくとも、これまでの日本の生鮮食品流通はそれを実現してきたのです。「食育」そのものは重要な発想ですが、私たちはすでに世界に誇る日本型の食生活と食文化を持っています。それを学び直すことが真の食育ではないでしょうか。それが崩れかけていることが問題で、その原因となっている行きすぎた規制緩和や儲け主義の食品ビジネスに歯止めをかけることが、「食育」の第一歩だと思います。

給食でハズレメニューになる理由

魚食普及を進めようと、学校給食に地元産の水産物を取り込もうという動きが全国で見られます。食育基本法の第五条にも、学校の役割が明記されている。しかし、これは子供たちの魚嫌いをかえって増幅させてしまうおそれがあります。

まず、給食という食のシーンが、魚を美味しく食べさせるのに適していません。給食には厳しい予算的制約があり、そもそも安い魚しか利用できません。特別な補助金が得られれば値の張る国産魚も使えるのでしょうが、そうしたケースは少ないのです。また一人当たりの栄養摂取量を考え、不公平のないように細かくカットできるか、数百個単位でサイズが揃うような規格性のあるものでなければ扱えないのです。

給食で食中毒を起こしたりすると大問題になります。鮮度劣化が一番怖いので、安心な冷凍品が望ましい。さらに徹底的に加熱すればなお安心です。しかし、加熱し過ぎると水産物は過剰に脱水され硬くなります。冷えた状態ではさらに硬くなります。

水産物の調理は火加減や食べる温度が重要です。表面はカリッと焼いて、ギリギリのところで火を止め、なるべくジューシーで温かいうちに食べるのが美味しい。しかし何百食も一気に作るのに、そんな細かいことは気にしてはいられません。やはり揚げ物がまとめて大量に調理できて、確実に火を通せるので好まれています。

冷えて硬くなった魚の揚げ物を、プラスチックや金属の皿の上に載せて、牛乳と一緒に食べる。しかも今どきの小学生は昼休みにも色々とやることがあり、早く食べろ、と

図34　小中学生が給食のメニューで嫌いな料理

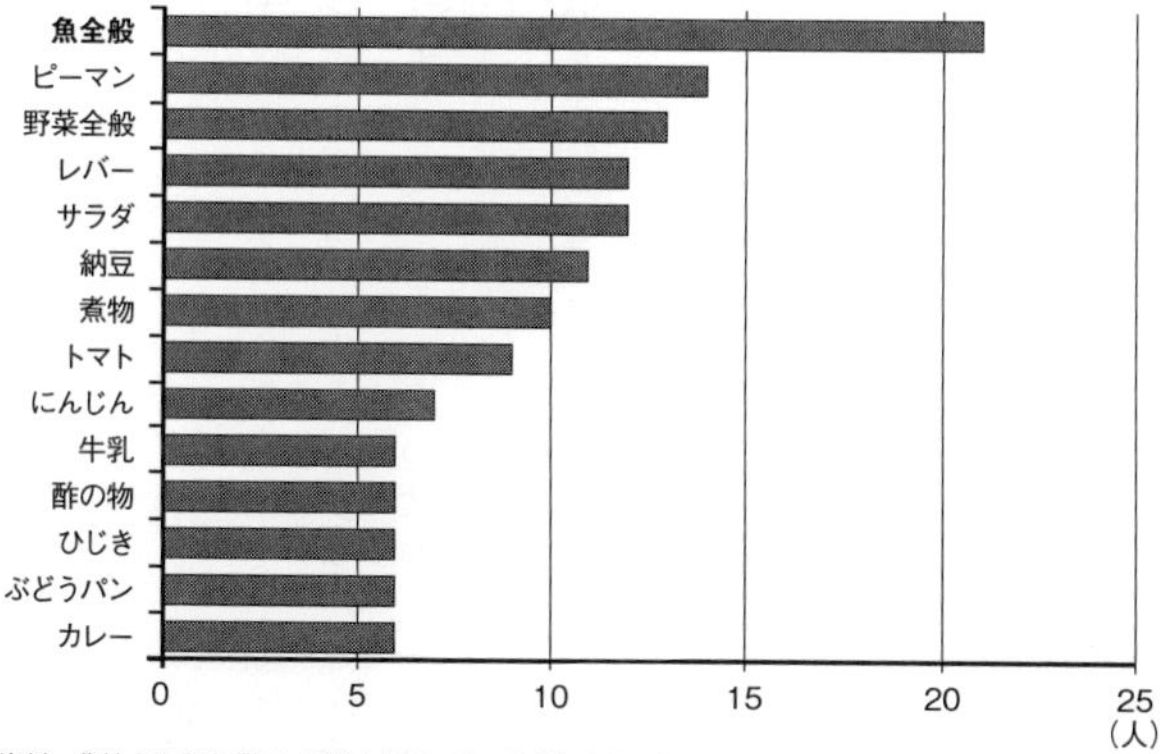

資料：農林中央金庫「親から継ぐ『食』、育てる『食』」（平成17年2月）より作成。自由回答で上位14位までを表示。東京近郊に住む小学校4年生〜中学校3年生の400人が対象

急かされるといいます。要するに給食というのは「魚食」のシーンとして不適当で、そのような場であれば肉メニューのほうが無難なのです。

そういうこともあって、学校給食で一番嫌われているのが魚メニューです。二〇〇五年に農林中央金庫が東京近郊の小中学生を対象に行ったアンケート調査（図34）によれば、ピーマンやレバー以上に魚は好まれていません。廃棄率も圧倒的に高いそうです。子供たちにとって魚の献立は「ハズレ」なのです。

しかし、子供は美味しいものには正直に反応します。鹿児島でもたまに漁業者が小学校に招かれ、子供たちの目の前で捌いて刺身で食べさせるイベントがあります。PTA有志

が休日に主催する参加自由の非公式な魚食普及活動です。ここでは子供たちが切り立ての刺身を美味しそうにほお張り、ずっと口を動かしています。魚がまずいから嫌いなのではなく、まずい魚が嫌いなだけなのです。

学校給食における魚食普及活動は、教育サイドからの働きかけではなく、水産業界からの働きかけによるものが多いようです。食べたいからではなく、売りたい立場からの取り組みとなっているのは少々筋違いでしょう。本当に美味しい水産物を食べさせてこその「食育」であり、そのシーンをどうやって学校教育の中に作るかが、学校や自治体が取り組むべき食育なのだと思います。

フランスの小学校では、低学年の頃から継続的かつ計画的に味覚教育を行っていると聞きます。何がおいしくて何がまずいか。既存の評価を押しつけるのではなく、経験を重ねて舌を鍛えるのです。最後の仕上げは全員が正装で本格的なフレンチレストランでフルコースを食べるのだそうです。言葉で教えなくても子供たちはフォーマルな「食」のシーンから勝手に何かを感じとるのでしょう。理屈ではなく、体育と同じように頭ではなく身体で覚える食育という考え方に私は強く共感します。

本物を経験させ、その意義を理解させることが真の教育であるなら、骨なし魚や魚ハンバーグなどを食べさせるのは逆効果です。

例えば、骨も皮もある熱々の焼き魚を炊きたてのご飯と一緒に、骨も自分で取って食べる。刺身が美味い魚なら刺身で、できれば何種類かを盛りつけて違いを味わう。牛乳ではなくお茶と味噌汁、木の箸と陶器の皿で、ゆっくり時間をかけて食べさせる。もし教育現場が食育に本気で取り組むのなら、月に一度でいいから、そういう機会を子供たちに与えてやれないものでしょうか。

現実的には難しいし、時間もお金もかかります。しかしそうしたコストをかけるだけの大きな意味があると思うのです。

雑魚にこそ可能性はある——あとがきに代えて

捨てられる雑魚を有効利用する

先日、横浜の実家に滞在した際、あるローカルスーパーで伊豆産の小ムツを見つけました。大型のものなら冬場の鍋や煮付け用としていい値がつく高級魚です。サイズは小アジ程度ですが、はらわたが小さくて身が多く、すぐに火が通ります。サンマやサバほどには脂がないので家庭用グリルでもほとんど煙が出ない。さっと焙る程度でしっとりした上品な味わいがあり、身離れもよく小骨も気になりません。

鹿児島に戻り、また食べたくなったので、東町の漁業者に小ムツは獲れないか尋ねると、「いくらでも獲れるがどのスーパーも扱ってくれないので今は養殖の餌になっている」と言うのです。「そんなに食べたいなら、箱いっぱい送ってやる」というので遠慮なく送ってもらいました。もったいない話で、こういう魚が流通し、きちんとした価格で売られるようにすることが、消費者にとっても漁業者にとっても大切です。

値段が付かない雑魚《ざこ》でも、よく知られた魚より美味しいものがたくさんあります。しかし、養殖の餌になるのはまだいい方で、多くがそのまま捨てられている。雑魚、つまり「未利用魚」の有効利用は水産業にとって大きな課題となっています。

かつて、食べるものが少ない時代には雑魚も貴重な食料資源でした。先人たちは美味しく食べるためにいろいろ工夫してきました。例えば、愛媛県宇和島の「じゃこ天」は、ホタルジャコというそのままでは食用にならない小魚を、塩を加えて骨ごとすり潰し伸ばして油で揚げたものです。保存料など入れずシンプルな塩味だけなので雑味がありません。ホタルジャコの持つ濃厚な旨味がそのまま味わえる逸品です。

一般に雑魚と呼ばれる魚たちはサイズが小さく、処理に手間がかかります。大きな魚も小さな魚も捌く手間――ウロコを取り、三枚に下ろして骨から身を外す――は大して変わりません。一尾は一尾なりの手間ひまがかかります。手間はすなわち人件費、コストです。小型魚の利用は現代社会ではコストが高いのです。敬遠される所以です。

手間ひまをコストと考えなかった時代には雑魚も美味しく食べられ、資源も有効に利用されてきました。結果、無駄のない供給と需要が実現していたのです。これも食文化の一つでしょう。しかし現代では小型の魚がきちんと食べられる機会が社会から消失してしまいました。輸入水産物に頼るぐらいなら、国内でただ捨てられている雑魚を上手く利用できないものでしょうか。

雑魚には魚の魅力が満載です。頭や尾ひれ、背びれや胸びれの形もそのままです。多様な魚の形が一目で分かります。それ自体が面白いのです。

私が子供の頃は、味噌汁のダシにもいりこ（煮干し）を丸ごと入れて、煮て柔らかくなった煮干しを箸の先で解体しながら食べたものです。また切り身にはあまり興味を惹かれませんでしたが、揚げた小アジや小さなカレイの煮付けなど、姿形のわかるものには興味がわきました。子供たちは雑魚を食べると、自然に魚への興味や関心がわいてくる。そしてもっと色々な魚を食べてみたくなるはずです。

雑魚は小さいので子供にも扱いやすくて親しみが持てます。魚の目や顔を怖がる子供たちがいますが、小魚ならあまり恐怖心を抱かずにすむでしょう。慣れてしまえばどうと言うことはないのですが、初めは安心して食べられることが大切です。

調理方法にもよりますが、雑魚は小さいのですべての部位を食べられます。頭も皮もひれも、骨もまだ柔らかく喉にも引っかかりにくい。魚全体に様々な味わいがあることを発見できます。揚げて三杯酢に浸した小アジの南蛮漬けなどは頭から食べられるし、成長に必要なカルシウムもふんだんに摂取でき、吸収率も高い。身よりもむしろパリパリしたひれや頭など、子供は本来噛み応えのある硬い食べ物を好むものです。少々硬くてもしっかり噛んで食べる小魚の唐揚げは彼らにうってつけでしょう。

そして何より雑魚は安い。たくさん買ってどんどん食べられます。高級魚のようにおそるおそる買ってちびちび食べなくてもいい。失敗を怖れず大胆に料理すればよいのです。子供たちも一緒に調理すれば、さらに味わいは深みを増すはずです。雑魚は小さいので子供でも調理しやすい。小アジなどがまずは手頃でしょう。

マハゼや小アジのような雑魚は、河口や防波堤から簡単に釣ることができます。細い糸一本で自然の生物とつながる興奮、命を獲り自然から食べ物をいただく感覚も知ることができる。そして自然や環境について真摯に学ぶ気持ちを膨らませます。釣って遊び、調理して食べ、そして学ぶ。雑魚とは何ともありがたい存在ではないでしょうか。そこから生活に根付いた本物の「食育」と「魚食」が再スタートするにちがいありません。

魚食文化の崩壊を防ぐためにできること

本書では、日本の水産業や食文化の問題点について、あれこれと述べてきました。

日本にとって将来にわたる水産食料の安定的供給が何より重要であること、そして将来世代にも多様で魅力に溢れた魚食文化を残すべきだということを、ぜひ理解していただきたいという思いが筆者にはあります。

自分だけなら、もういいのです。筆者にかぎらず、今の世代はしばらくは大丈夫でしょう。良いお店もまだまだあるし、少し努力すればおいしい魚は見つけられます。今はまだ、日本人に生まれて良かったと思えるような、素晴らしい水産物に出会える環境がいくらもあるのです。

しかしあと五〇年、いや三〇年もしたらどうか。かなり悲観的になります。

日本の漁業、卸売市場流通、そして小売業者がこのまま劣化していけば、未来の消費者は「食」の豊かさも、日本が誇る「食」文化も失ってしまうでしょう。資源の管理も大切ですが、魚がいなくなるより前に、魚を食べる人がいなくなってしまいそうです。冗談ではなく、現実的な文化の危機だと思います。

では今、何をすべきでしょうか。

政府は今後も規制緩和と市場開放を進めていくでしょう。しかし、結果については誰も責任をとりません。行政コストを引き下げて、消費者による自己責任の社会を作ろうとしているのですから、私たち自身が消費行動を少しずつ変えて、国産水産物の消費量を押し上げ、生産と流通を守るしかありません。

　例えば輸入サーモンばかりを食べるのではなく、国産サケの旨さを味わってみることから始めてみるのはどうでしょうか。

　春には道東のトキシラズがあります。脂の乗った天然サケの凄さを一度知ってしまうとチリ産ギンザケやトラウトの塩蔵品などは、この足下にも及びません。初夏には三陸の養殖ギンザケを刺身で食べてはいかがでしょうか。刺身用の輸入サーモンと比べても、鮮度は抜群です。秋には鉄板にバターを溶かし、アキサケの切り身をチャンチャン焼きで食べる。キャベツともやしで囲み、味噌を酒と醤油で溶いて蒸し焼きにする、北海道らしい、アバウトですが美味い料理です。

　日本には四季折々の季節感あふれるサケがいて、それぞれに適した料理があります。輸入サーモンは、その端境《はざかい》期に食べれば十分でしょう。

　他の魚種にも目を向けましょう。カツオは安くて美味しい魚です。初夏の初ガツオだけではなく、晩秋の戻りガツオも、少しクセはあってもそれが旨味でもあります。ショウガやニンニク、ネギや大葉をたっぷりと添えたタタキは、皮の焦げた香り、ポン酢の酸味、色とりどりで刺激的な薬味が重層的にミックスされ、栄養的にも優れています。味覚的にも視覚的にも素晴らしい料理だと思います。

刺身や寿司ならば、国産の養殖ハマチやカンパチ、マダイが手頃です。ハマチやブリのこってりした個性的な美味しさは、サーモンとは別次元です。マダイの刺身を醤油ダレに漬け、生卵を絡めて熱々のご飯の上に載せた宇和島風鯛飯のような料理ならば、子供たちも大好きになるはずです。

いろんな魚の味を自由に楽しむ。それができるのが日本の水産物の良さなのです。未知の味を知りたい、新しいものに触れたい、という好奇心があれば「魚食」は学びの場となります。「魚食」はこうした創造的、教育的なものでもあります。こうした「学び」はファストフード、ファミレスやコンビニでは絶対に経験できないものです。

そうかといって、「魚食」は堅苦しいものではありません。ぜひ、住んでいる地域の中で幾つかの店を見て回り、お気に入りの鮮魚売り場やお気に入りの魚を見つけて欲しいと思います。そして休日には車に小さな発泡スチロールケースを積んで、少し遠くても評判の良い鮮魚売り場に一期一会の地魚を買いに行ってはどうでしょうか。美味しいものを食べたいという素直な欲求に忠実に行動することが日常の食生活に喜びをもたらし、ついでに魚食文化を支えていくはずです。

本当に美味しい国産の魚を食べることは、ちょっとしたテーマパークに行くのと変わらないぐらい素晴らしい体験です。お金を払う価値があるし、何よりその体験が子供たちにとって「食生活」と「味覚」の礎《いしずえ》となり、生涯続く財産となるでしょう。

大切なのは、気楽に、楽しく魚たちと向き合うことです。テレビで聞いたような堅苦しい情報で頭でっかちにならず、知らないことは店頭でプロの教えを請いながら、自分の舌を信じて美味しい魚をいただくだけでいいのです。食べることは人生そのものなのですから。

二〇一五年一月

著者

佐野雅昭　1962(昭和37)年大阪市
生まれ。京都大学法学部卒。東京
水産大学修士課程修了後、水産庁
勤務を経て北海道大学で水産科学
博士号を取得。現在、鹿児島大学
水産学部教授。専門は水産経済学。

Ⓢ新潮新書

612

日本人《にほんじん》が知《し》らない漁業《ぎょぎょう》の大問題《だいもんだい》

著　者　佐野雅昭《さのまさあき》

2015年3月20日　発行

発行者　佐　藤　隆　信

発行所　株式会社新潮社

〒162-8711　東京都新宿区矢来町71番地
編集部(03)3266-5430　読者係(03)3266-5111
http://www.shinchosha.co.jp

図版製作　株式会社クラップス

印刷所　株式会社光邦

製本所　憲専堂製本株式会社

ISBN978-4-10-610612-5 C0262

価格はカバーに表示してあります。